沃顿商学院
逻辑思维课

尹辉　著

民主与建设出版社

图书在版编目（CIP）数据

沃顿商学院逻辑思维课 / 尹辉著 . -- 北京 : 民主与建设出版社 , 2017.7

ISBN 978-7-5139-1665-3

Ⅰ . ①沃… Ⅱ . ①尹… Ⅲ . ①逻辑思维 – 思维训练 – 通俗读物 Ⅳ . ① B80-49

中国版本图书馆 CIP 数据核字 (2017) 第 186108 号

沃顿商学院逻辑思维课

WODUNSHANGXUEYUANLUOJISIWEIKE

出 版 人 许久文
作　　者 尹　辉
责任编辑 刘树民
封面设计 王　珍
出版发行 民主与建设出版社有限责任公司
电　　话 （010）59417747 59419778
社　　址 北京市海淀区西三环中路 10 号望海楼 E 座 7 层
邮　　编 100142
印　　刷 三河市华润印刷有限公司
版　　次 2017 年 10 月第 1 版　2023 年 8 月第 2 次印刷
开　　本 710 mm × 1000 mm　1/16
印　　张 16
字　　数 220 千字
书　　号 ISBN 978-7-5139-1665-3
定　　价 38.00 元

序：在沃顿商学院就读是怎样的一种体验

美国宾西法尼亚州东南部的费城市，坐落着全美知名的宾夕法尼亚大学，而在宾夕法尼亚大学校园的沃顿楼里，则是比宾大更为知名的沃顿商学院(Wharton School)。

世界上很少有这样的事，一个大学的学院比学校本身更加出名，人们总是先提起剑桥大学才会想起三一学院，或者提起牛津大学才会想起王后学院，但当人们提起沃顿商学院的时候，却很少有人连同宾大一起提及，这足以见得沃顿商学院的久负盛名。

作为一家以培育顶级商业人才为愿景的教育机构，沃顿商学院在全球商界的地位完全配得上“高山仰止”这个古老的中国成语。建院 130 多年来，沃顿商学院为商界输出了大量的精英，这其中有以巴菲特为代表的投资人才，有以莱昂纳德·蓝黛（雅诗兰黛主席）为代表的创业人才，有以杰弗里·博伊西（摩根大通投资银行总裁）为代表的管理人才，有以郎咸平为代表的研究人才……

这些人才和他们离开沃顿商学院之后所取得的成就，共同织成了一张大网，帮沃顿商学院在商界树立起了最显赫的丰碑。

除了商界，沃顿商学院在其他领域的影响力一样强劲，2017 年美国新一任总统唐纳德·特朗普就出身于沃顿商学院。在竞选的时候，特朗普不止一次地把自己“沃顿商学院精英”的身份挂在嘴上，以此来证明自己的能力，这也从侧面反映了沃顿商学院在美国社会的地位。

沃顿商学院长期蝉联美国商业类院校之首，更是几乎所有对商业和财富感兴趣的青年学子心中的圣殿。沃顿商学院的申请录取率常年在 8% 以下，这个数字在全世界的商学院里是最低的。

想要就读沃顿商学院，除了需要优异的考试成绩、被面试官看重的潜质之外，每年还要支付高达 30000 美元的学费（MBA 每年的学费更是高达 90000 美元）。但当读者看一看沃顿商学院所开设的课程，所延聘的专家教授，以及沃顿商学院毕业生的五年平均薪资，相信所有人都会觉得，这一切都是值得的。

在沃顿商学院读书，你能够接触到世界最顶尖的商业学者、管理学者，你能够获知最前卫的商业思想和管理思想，你能与世界上最聪明的商业精英为伍。更重要的是，你能够在复杂的课程设置中不断磨炼你的头脑，让你形成一种独到的思维方式。

事实上，沃顿商学院所能带给你最有价值的，就是它传递给你不同于其他人的思维方式。这种建立在学习、实践、创造和继承基础上的独特的思维方式，构成了沃顿人不同于其他人的特殊价值。

在华尔街、硅谷，人们看到的商业精英在外表上没有分别，但在短暂地接触之后，很快人们就能分辨出哪一个人是出自沃顿商学院，这就是因为，沃顿精英的思维方式是与众不同的。

在沃顿商学院就读，仅仅在第一个学期，学生们就要被分成小组，派往费城的中小企业进行调研和实习，并对他们看到的问题进行分析和解答，为这些企业提供智力支持。

这种实践学习在很多商业学院都有设置，但很少有像沃顿商学院这样，一开始便如此强调实践。而且，沃顿商学院还提醒学生，一定要摆脱商业课本的桎梏，尽量去发现那些别人没有发现的问题，尽量去想那些别人想不到、没想过的解决方案。

沃顿商学院本科四年，学生一共需要上 30 门课以上，这其中必修课只有三分之一，其他多为选修课。这让学生可以灵活地安排自己的学习重心，给学生完全的学习自主权。

在那十几门必修课里面，沃顿商学院的教授们则集中传授给学生们属于沃顿的商业思维方式，换句话说，只有这套思维方式，才是沃顿商学院的教育核心。

作为中国的读者，我们大多数人都注定与沃顿商学院的课堂教育无缘，但这并不意味着读者会与沃顿商学院失之交臂。在本书中，笔者就将为读者深度讲解沃顿商学院的教育核心——思维方式，让读者感受到来自于世界商业顶峰的智慧。

沃顿商学院，一所享誉世界的商业教育机构，沃顿思维课，一堂价值百万美元的商业课程。读完这本书读者将会明白：沃顿商学院为什么会有如此盛名？沃顿的思维课为什么能够价值百万？

目 录

第三堂课 分析是思考的武器

第四堂课 批判性思维让头脑中没有“想当然”

第五堂课 用创造力让思维发散出去

第六堂课 解开问题的推理和演绎

第七堂课 检视逻辑，寻找思维漏洞

第八堂课 锻炼思维能力的五大习惯

第九堂课 沃顿商学院思考实践课

沃顿商学院
思维基础课程

第一堂课

不同的人有不同的思维方式

2017 年 1 月，从美国总统大选中获胜的唐纳德 · 特朗普自宣誓就职后，再一次被各大媒体推到了风口浪尖之上。原来，特朗普频频遭到宾夕法尼亚大学校友们的投诉，大家再也受不了他动不动就将自己是“沃顿商学院的优秀毕业生”挂在嘴边上。

首先，我们来简单梳理一下宾夕法尼亚大学及沃顿商学院的辉煌历史。

宾夕法尼亚大学是著名的常春藤盟校之一，因为其超水平的教学和科研，在全世界范围内都享有极高的声誉。美国第九任总统威廉 · 亨利 · 哈里森、投资大师沃伦 · 巴菲特、语言学家乔姆斯基、我国的建筑师梁思成、林徽因等人均是该校的毕业生。

宾夕法尼亚大学在人文社科、艺术、建筑工程、商科、法学和医学等领域都有着不俗的成就。其中，以沃顿商学院最为出众。创立于 1881 年的沃顿商学院是美国第一所商学院，也是世界上历史最悠久、声誉名望首屈一指的商学院。

多年来，宾大沃顿商学院的75000多名校友遍布全球131个国家，并组成了全球最大的商学院校友网络。通用电气荣誉退休主席Reginald Jones；美国亨斯迈公司创始人、主席兼首席执行官Jon Huntsman；雅诗兰黛公司主席兼首席执行官Leona等知名人物均是沃顿商学院的优秀毕业生。其中，特朗普大概是近段时间内沃顿毕业生中最炙手可热的一位了。

特朗普多次在公开场合表示："我毕业于沃顿商学院……我是个聪明人。"将沃顿校友这个身份视为骄傲的特朗普为什么会遭到其他校友的炮轰和抗议呢？大概是因为他的某些政治主张和一些立于不同思维之上的言论戳中了宾大校友们的"怒点"，大伙儿一气之下，干脆挖起了特朗普的黑历史。

有人说，特朗普在沃顿商学院的时候行事作风完全不似如今的张扬，反而低调到大家都不记得他。他的大学同学Nancy Hano委婉地说："特朗普没做什么能让自己在学校出名的事儿。"另一名同学Stanton Koppel却直言不讳，"瞎说"起了大实话："我对他可真是一点印象都没有。"

尽管特朗普在沃顿的时候"低调"得不像话，满打满算也只学习了两年时间，特朗普却深得沃顿式思维逻辑的精髓。在沃顿商学院逻辑思维课程里，它首先教给学子们的是：不同的人有不同的思维方式。从特朗普竞选、就职以来与众不同的言论、政见，从宾大校友们写给特朗普的抗议信中都可见一斑。

特朗普虽然屡屡言行出众大胆，却因着思维逻辑上的剑走偏锋、"曲线救国"说中了不少人的心声，获得了不少人的好感，否则他也不会获得那么高的支持率。有人说，留着飘逸发型的特朗普终将给华盛顿带来一股清风。沃顿思维课由始至终都在强调，不同的人有不同的思维方式。而"牛人"与普通人的思维方式却有着天差地别的不同。在激烈的竞选之路上，特朗普一路过关斩将，并在与希拉里的辩论中发挥出色，其出众的逻辑思维能力帮了大忙。

反观宾大校友们写给特朗普的抗议信，亦体现了人们思维方式的不同。信中强调说沃顿是一个多元化、包容的地方，而广大校友对特朗普的某些言论、立场，政见上持有相反的意见。从这件事我们可以看出，因着社会背景、成长经历等因素的不同，人们的思维方式也是不一样的。正因这些思考方式的不同，才构成了社会的包容性、多样性和创新性。但不可忽视的是，思维方式决定人们看待世界的态度，更决定了人们一生的发展机遇。沃顿思维课程从逻辑思考的角度出发，从批判性思维、创新性思维、问题的推理和演绎等多方面去阐述、完善思维逻辑的体系，带给我们深刻的启发。

沃顿思维课告诉我们，思维方式是人们看待事物的角度、方式和方法，它对人们的言行起决定性的作用。人的思维方式多种多样，包括形象思维、抽象思维、归纳思维、发散思维、侧向思维、逆向思维、追踪思维、组合思维、假设思维等。我们来简单介绍一下形象思维、抽象思维、侧向思维、逆向思维这四种思维方式的差异。

一、形象思维是一种被应用得最为广泛的思维方式，也是人们认识得最深的思维方式。沃顿逻辑思维课中，形象思维指的是人们对于客观存在的事物的一般性的认识过程。人们习惯于根据事物的直观表象来做分析，来下定义，来解决问题，这便是形象思维最实质的内核。

二、抽象思维是人们利用概念、判断、推理等思维形式，并借助语言符号进行推理、概括、定义的过程。它一般与抽象的概念、命题或者人工符号息息相关。在人类认识性的实践活动中，抽象思维占据着主导地位。人的大脑会利用抽象思维对正在接触的事物进行详尽的分析，并将其概念化，以此揭露其本质。

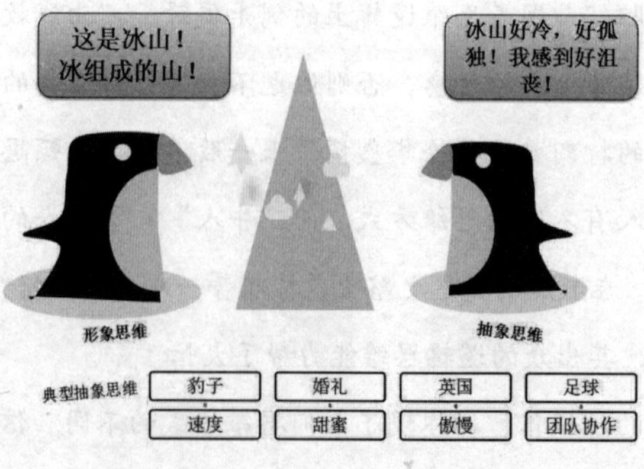

1.1 形象思维和抽象思维

三、侧向思维是一种帮

助人们绕开障碍，巧妙地、迅速地抵达目的地的一种思维方式。它可以帮助我们节约精力和时间。遇到困难的时候，不妨另辟蹊径，试着从问题的侧面入手，就此打开思维大门。

四、逆向思维是反其道而行之的一种思维方式。生活中到处都是约定俗成的规则和板上钉钉的结论，这使得人们的思维方式越来越单一，越来越僵化。逆向思维却能够成功打破这种思维僵局，一举找到解决问题的最成功的办法。

不同的人有着不同的思维方式，而这也决定了不同的人有着不同的发展潜能。纵览你我知晓的大大小小的成功人士，在处理问题的方式方法上，可谓是天差地别，绝不相同。这便是不同的思维方式带来的差异性。同一阶层的人都是如此，更别说成功者和失败者的思维差别了。

我们可以简单来看一下以下两组人在思维方式上的不同之处。

第一组：创业者思维和大众思维

思维一

大众思维：还从来没有人敢在这个行业里投入这么多钱，万一弄砸了怎么办？

创业者思维：第一个吃螃蟹的人风险虽然大，一旦成功，就能一本万利，将整个市场利益牢牢握在手中。只有先人一步，才能一鸣惊人。

思维二

大众思维：没有资金，没有技术，没有经验，创业就是痴人说梦！

创业者思维：路都是靠人走出来的，没有条件可以想办法去创造条件，还没有尝试就言失败，会丧失很多机遇。

第二组：消极式思维和积极式思维

思维一

消极的人：我办不到，我绝对不可能会赢。这个问题太难了，我根本处理不了！

积极的人：我怎样才能办到呢？我一定会赢！问题虽然难，但办法总归是人想出来的，没有解决不了的问题。

思维二

消极的人：看来我就是个倒霉的人，注定成功不了。我要是能中大奖就好了。

积极的人：天生我材必有用，船到桥头自然直。天上掉馅饼是不可能的，只有努力，才有收获。

面对同样的处境，拥有着不同思维的人会选择不同的态度，而这些选择上的差别也带来了完全不一样的人生。可见，思维方式的重要性容不得一丝一毫的忽略。沃顿专家们提醒我们，在自我思维方式的选择上，要尽量着眼于积极正面、勇于进取的“直线思维”；在他人思维方式的权衡上，却要尽量选择透过现象看清本质的“曲线思维”。

沃顿商学院思维课笔记：

不同的人有不同的思维方式，不同的思维方式决定了不同的人生选择，正确的、积极的思维方式，能够帮助人在恰当的时机做出最好的选择。

有逻辑的人怎么说话

沃顿思维逻辑课程告诉我们，逻辑思维能力是一种采用科学、合理的逻辑对周围事物进行观察、比较、分析、概括、判断及推理的能力，它不仅能够帮助我们正确认识客观存在的事物，更能够帮助我们解决生活中遇到的一切难题。（而言论一旦成功借助到逻辑的力量，就会焕发不一样的光彩，更能够说服人心。）

每一年，只有最优秀的学生才能被沃顿商学院录取，如愿以偿地成为特朗普和巴菲特的校友。要说沃顿商学院里最抢手的课程，莫过于戴蒙德教授的谈判课。连续 13 年以来，这门谈判课都是沃顿学子们第一优先选择的课程。

戴蒙德教授将沃顿式逻辑思维理念的精髓揉捻入每一堂课中，循循教导，孜孜不倦，从商场、政坛、人际关系、文化差异、旅行和工作、家庭和生活等方面教导人们谈判的真谛。而学会了利用逻辑思维来作为谈判工具的你我，言语中从此就多了令人难以想象的巨大的说服力。

戴蒙德教授教过的几乎所有的学生都得到了他的真传，逻辑思维能力突出，一开口就拥有让人信服的力量。他们如鱼得水般地拼搏在各行各业中，实现着自己的理想，享受着梦寐以求的人生。

想要在言语上完全压倒对方，想要在极短的时间里成功说服他人，就不得不拥有高于常人的逻辑思维能力。可以说，沃顿商学院的毕业生们在逻辑思维方面的优秀与杰出堪称有目共睹，沃顿商学院更为华尔街和世界顶级管理咨询公司以及政府部门、各大工商企业源源不断地输送了无数的人才。

在日常生活中，当你有所感悟，想要向人们灌输自己的想法的时候，如果你不善言辞，你一定会搞砸这件事情。哪怕你深思熟虑，在心里憋出了一套自以为完美的说辞，也经不起别人三言两语的质疑与诘问。你之所以不能够完整表达你的想法、招架不住别人的疑问，又或者得不到他们的共鸣，是因为你的语言缺乏逻辑性。

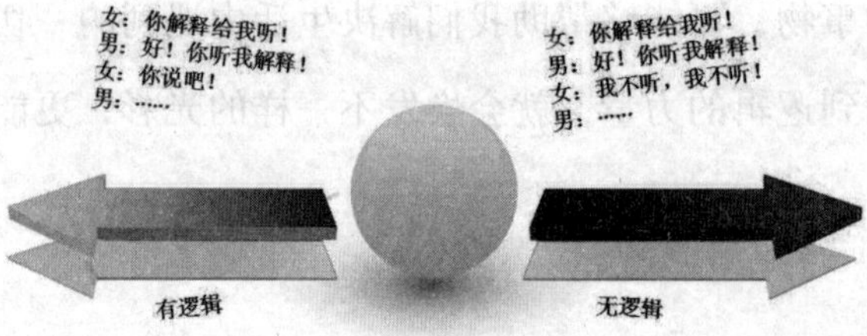

1.2 有逻辑和没逻辑

在交流、联络、建议、提案、谈判、会议中的发言、事故应对等场合中，都必须用到逻辑。你的话语中若少了逻辑的存在，难免会被人视为颠三倒四的空话、胡话。有一家碳粉公司的广告词是这样说的：“××碳粉，给你绝对的‘黑’世界”。这句广告词实际上是为了向观众表达公司的碳粉颜色纯正，但因广告词中缺乏逻辑性，非但无法让人领悟到这层意思，还可能给人一种不明所以感。

IBM 的广告词“没有不做的小生意，没有解决不了的大问题”却深入人心。IBM 以电子设备解决方案著称，这句广告词让人们第一时间得到“IBM 可以帮用户解决一切问题”的结论，因为符合逻辑，所以让人印象深刻。

沃顿商学院的专家们强调说，逻辑思维自诞生以来，就一直在借助语言传递着信息。而在生活和工作的过程中，语言是人们进行交流和沟通必不可少的工具。逻辑思维能力强的人便可以将这项能力发挥到极致，既能够提升沟通的效率、增强交流的效果，又能够大大增加言语中的说服力。如果在生活中，你我都是语言逻辑高手，我们的人生无疑会顺利很多。

彼得·林奇是当今美国乃至全球最高薪的受聘投资组合经理人，他是投资界当之无愧的超级巨星，被人们称为“全球最佳基金经理”的投资大师。1968年，彼得·林奇毕业于宾夕法尼亚大学沃顿商学院，是沃顿最具影响力的校友之一。1977年，他成为麦哲伦基金的基金经理人，就此开始了自己在投资界的传奇历程。

取得了巨大的成就后，彼得·林奇的身上多了好几项荣誉称号：“第一理财家”“投资界的超级巨星”“首屈一指的基金管理者”，一时间风头无两。投资大师纽伯格认为，林奇完全可以与巴菲特比肩，堪称现代社会最伟大的两位投资家。这两人身上有着很多相同的特质，其中最显眼的一点便是他们的言语中都带着强大的逻辑思考的烙印，都具有无可比拟的说服力。这大概与两人同是沃顿校友有关。沃顿商学院一直很重视对学子们逻辑思维能力的培养，包括彼得·林奇、巴菲特、新任美国总统的特朗普在内，沃顿优秀毕业生们都是语言逻辑上的高手。

彼得·林奇的多项投资忠告还响彻在人们耳边：“想赚钱的最好方法，就是将钱投入一家成长中的小公司，这家公司近几年内一直在盈利，而且将不断地成长”“个别投资人的优势在于他没有时间压力，可以仔细思考，等待最好的时机。如果要他每星期或每个月都买卖股票，他肯定会发疯的”。这些忠告里的逻辑极其耐人寻味，引人深思，直到今天，仍有很多借鉴意义。

有逻辑的语言必须严谨而有条理。1787年，美国宪法制定会议在费城举行。期间，反对派和赞成派的争论将会议的气氛一度推至高潮，双方言辞尖锐而锋利，辩论至白热化的阶段，甚至演变成人身攻击。正当反对派将赞成派批驳得一无是处的时候，富兰克林站起来了，大声道：“老实说，我并非完全赞成这个宪法。”

此言一出，反对派先是一愣，随即面露喜色，安静下来倾听。赞成派面色铁青，不发一言，皱着眉头等待着富兰克林说下去。富兰克林顿了顿，不慌不忙地说道：“我虽然站在赞成派这一边，却对这项宪法的施行并没有信心。在座的各位很多人都对宪法的某些细节存有异议，老实说，就算赞成派们能回答得了这些异议，恐怕你们也不会满意。不瞒各位，我和你们的心情是一样的，对于这项法案是否正确，我持有怀疑态度。但是，我就是在这种态度下来签署该法案的。”

这一席话有理有据，又富有同理心和感染力，及时地抚慰了反对派们的激动情绪，既拉近了距离，也暂时打消了他们的疑虑。

沃顿商学院的专家们告诉读者，语言中应该包含结论、理由、理由和结论相结合这三个部分。富兰克林的这一段话虽然简短，却是三部分俱全，逻辑清晰而缜密，这才发挥出了最大的说服效果。沃顿人的综合能力是毋庸置疑的，而它就深深体现于言语中的逻辑思维能力以及强大的说服力中。

沃顿商学院思维课笔记：

言论一旦成功借助到逻辑的力量，就会焕发不一样的光彩，更能够打动他人、说服人心。

逻辑推测帮人料事如神

美国有一家企业专门为富豪家庭定制、生产高端出行工具，近十年来，该企业为了扩展大众市场，改变了过去的高奢路线，重新制定了轻奢风格。然而，这一改变却并未取得预想中的效果，反而给企业带来了困扰。

目前，该企业处于高端定制领域，有着制造精良、品质优越、服务一流的特点。企业服务团队的成员都在专门的培训机构进修过，与此同时，企业产品定价虽然高于市场同类型产品，但因品质突出、优势明显，高层主管有着绝对的信心，能够打败其他竞争对手。然而，一段时间后，该产品却恶评如潮，甚至有用户在订货过程中屡屡以对企业不满意为由悔约退货。

企业高层一时头大，不知道问题出在哪里。他们请到了一支沃顿团队，来帮助企业找出最核心的问题。沃顿团队入驻该公司后，便开始着手调查。首先，他们将所有客户投诉的记录汇总，集中研究，并一一与客户联系、调研后，得出了一个结论，企业当前所面临的问题与产品质量、服务质量都没有关系，几乎所有的客户都在抱怨同一个问题：等待的时间实在是太长了。

原来，该企业的高端定制采取的是“先付款后制作”的模式，因为企业对产品的质量精益求精，几乎要花数月乃至半年的时间去制作，客户在下单后就进入到了漫长的等待中。这种等待消磨掉了绝大部分客户的耐心，抱怨和不满随即而生。既然找到了问题的所在，公司高层立马决定，从今之后缩减定做时间，可以采取提前生产半成品材料以备到时拼装。这时候，沃顿团队却敏锐地意识到，问题还没有这么简单。他们针对深层原因，推测出了种种可能性。

之后，沃顿团队又顺着之前的推测开始了一系列的走访及问卷调查，还多次扮演购物者的角色，终于发现，原来这些客户最耿耿于怀的地方并不是等待，而是等待过程中被忽视的感觉。这种心理感受绝不好过，而这也是公司产品恶评如潮的真正原因。为了解决这个问题，沃顿团队给出了一个详细的解决方案：用户在下单之后会得到一个序列号，将这个序列号放到网络上搜索查询，就可以得到所购产品的一切信息，将生产进度牢牢掌握在手中。为了便于客户查询，公司生产部门需要及时上传生产信息及产品制作过程中的有关图像，给客户一种“声情并茂”的感觉。

沃顿团队还建议道，客户下单后的两周时间里，公司可以用一些边角料做成模型或者其他礼品送给客户，这一贴心的建议包括之前的整个方案最终被企业采纳，成功解决了企业目前所面临的最大的问题，公司发展也进入到了正常的轨道。

沃顿团队在找出了问题的表面因素之后，并没有放弃追查，逻辑告诉他们，事情没有这么简单。顺着之前的推测，他们最终拨开了现实的迷雾，找到了最本质的深层因素。很多人会被问题的表面所迷惑，而沃顿专家们却告诉我们，想要彻底地挖出毒瘤解决问题，就必须顺着逻辑推测，去找到问题发生的根本原因。这种逻辑思维的过程带着烧脑的魔力，就好像破案一般。只要掌握了这种能力，我们都可以变成生活中最有智慧的侦探。

逻辑推测能力要求我们思考的时候不要浅尝辄止、半途而废。哪怕所有的事实都指向了一个方向，也要开足了脑洞，铆足了劲朝着问题的最深处去钻研。每一个问题被解开后，都会有人恍然大悟般地感叹道：“原来如此啊，其实并不难嘛。”

实际上，难的永远不是问题的解决，只要找出了问题发生的真正的原因，再难的问题也会迎刃而解。遗憾的是，并不是所有人都拥有这对“火眼金睛”。有人想要戒烟戒酒，他的解决方式是尽量克制自己不去购买烟酒。这样的方法大多也以失败而告终。对此，沃顿专家们能够给予的建议是：不妨拨开表面的迷雾，试着去寻找嗜好烟酒的本质原因，从源头上去戒，这样才能起到事半功倍的效果。

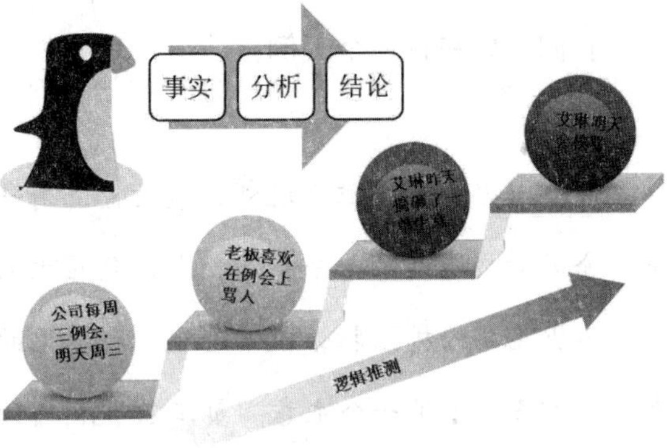

1.3 逻辑推测

沃顿商学院的学生们都很擅长利用逻辑推测的能力去解决问题，这使得他们在职业生涯中颇受重用。

沃顿商学院史上最大牌的校友之一——工程师、慈善家，PayPal(贝宝)、SpaceX(太空探索技术公司)、环保跑车公司特斯拉以及SolarCity四家公司的CEO埃隆·马斯克，在创业的过程中，他曾屡屡遭遇困境和厄运的打击，却又一次次凭借着强大的逻辑思维体系站了起来，并屹立在行业顶端。

马斯克很擅长拨开问题表面的浮云，善于将事情概念化，善于从中推断出原则，善于运用逻辑推测能力成功地找到那个潜藏的导火索，小心翼翼或者大刀阔斧地拔除，以绝后患。

事物一旦产生了问题，往往会最直观地反映在表征之上。比如说人一旦感冒了，就会咳嗽、打喷嚏。依照最简单的思维逻辑，人们会依照着表象去发现问题，并解决问题。就算你暂时止住了咳嗽、打喷嚏，也不代表感冒彻底痊愈了，病症只是蛰伏了起来，静静等待着下一次的爆发。在生活或工作的过程中，我们看问题千万不能只看表面，合理地利用逻辑预测去找到问题最本质的核心，再一举铲除，才能获得让人满意的效果。

我们可以来看一个案例：

某公司办公大楼位于近郊，楼后矗立着一片园林，大片鸟儿觅食于园林之中。公司老总遇到了一个难题，大片鸟儿飞来飞去纵然壮观，但大楼之上却沾染了不少飞鸟的排泄物，极不美观。公司里的三位员工注意到了老总的烦恼，在会议上各自出了一个主意。员工A说，可以请清洁人员定时打扫墙体。老总却皱着眉头说，这会让公司多出不少预算，当场否决了这项提议。

员工B说，可以让人在楼顶上安装稻草人。老总没好气地说稻草人更会影响公司大楼的形象。员工C说，不如拆除楼后的园林。老总怒气冲冲，质问这个法子未免太不切实际。眼见老总发怒，大家噤若寒蝉，这时候公司的一个实习生却站了起来，侃侃而谈道："我们可以展开逻辑预测，找出这个问题的最终解决办法。飞鸟之所以在这一片盘旋，且数量如此众多，是因为大楼背后那片园林中有很多的昆虫，满足了飞鸟的觅食需求。想要彻底解决排泄物的问题，就要抓住问题的核心——昆虫。我们可以尝试着在距离大楼更远的地方挖掘一块水塘，将昆虫引向水塘，飞鸟自然也会被引过去。"

这个实习生的话让老总大加赞赏，更让老总对其印象深刻。很多时候，问题的表象只为我们提供了一些线索，并不能够让我们将问题一步解决到位。只有依据逻辑推测，沿着这条逻辑线步步深究下去，才能挖掘出解决问题的真正有用的公式。

想要铸就一个人非凡的逻辑推测能力，就要不断地训练他的观察能力、分析能力、判断能力和推理能力，这样才能使人的大脑思维得到最大限度的开发。只有不断地去实践，我们才能体会到其中的妙处，才会对逻辑推测的过程越发着迷。

沃顿商学院思维课笔记：

想要彻底地挖出“毒瘤”解决问题，就必须顺着逻辑推测，去找到问题发生的根本原因。

逻辑思考的前提是洞察力

2005年，娱乐业巨擘美国迪士尼公司宣布，将任命原总裁 Robert A. Iger 担任下一届首席执行官。一石激起千层浪，这个消息让业内异常震惊。一些专业研究公司任职接班问题的专家们议论纷纷，在他们看来，美国迪士尼公司的这个举动实在是异乎寻常。那段时间，迪士尼公司的大多数股东对企业运营模式和发展现状极度不满，甚至前任首席执行官都差点遭遇弹劾，这时候顶住巨大压力从公司内部提拔一位二号人物来担当首席执行官，将面临的风险不言而喻。

沃顿商学院的专家们将“空降”和“内部提升”这两条方案的优缺点逐一研究后，得出一个结论，迪士尼公司之所以看重 Robert A. Iger，在于其出众的逻辑思维能力，而 Iger 想要成功担起重任，更要去着重加强自身的洞察力。他要一眼洞见公司的下一步发展，并及早部署、安排，才能掌握先机。

在沃顿专家们看来，一个优秀人才身上最显著的特点莫过于出众的逻辑思维能力，它能拓宽人们看待问题的角度，为人们带来最迅捷的解决问题的方法。

但若少了洞察力，人们永远不会拥有完备的逻辑思维体系，只因为，逻辑思考的前提是洞察力。

美国某知名企业亚洲市场的负责人毕业于沃顿商学院，他在与日本人、韩国人或者中国台湾人打交道的时候都能够如鱼得水，应付自如。有下属向他询问经验，他侃侃而谈道，沃顿教授们注重对学子们思维能力的培养，尤其重视洞察力，那段学习经历对他影响很大。他将这种思维方式逐渐运用到了后来的实践过程中，并有意锻炼自己的洞察力。

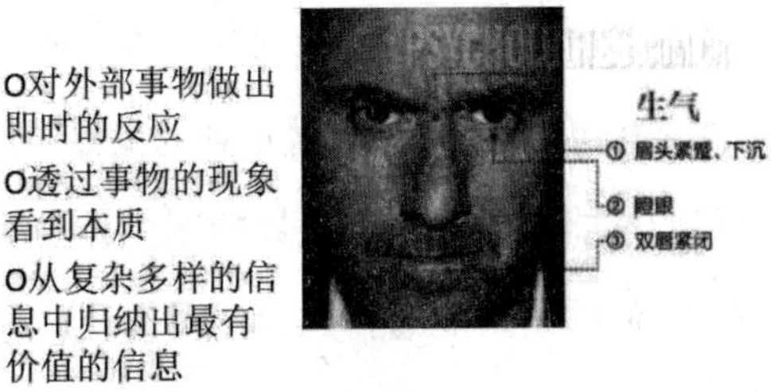

1.4 洞察力

这位负责人在接手公司亚洲市场后，逐渐认识到，不同地方的人做生意时有着不同的方式，比如说，日本人看起来谦虚、礼貌，实际上很讲究原则，不容易变通；韩国人很团结，但性格较为冲动；台湾人精明而圆滑，内部争斗比较严重。根据不同地区人的特色，他会采取不同的态度和方式。因着这种精准的认识、敏锐的洞察力，他才能够获得如此显眼的成绩。

有些人看事情流于表面，致使机遇流失还不自觉；有的人看事情却能够深入内里，牢牢抓住问题最本质的核心。前后者的区别在于洞察力的强弱和思维能力的高低。

沃顿商学院教授总结说，洞察力是每个人都拥有的一种认知能力。它一点儿都不神奇，并不是只存在于天才们的身上。洞察力，就是我们平时挂在口中的创新能力、创造能力、想象能力、策略能力以及意志力、注意力的心理基础。每个人都拥有两套“认知——行为”系统，一套可以称之为“反应系统”，在这套系统中，人们看到的世界与真实世界相差甚远，因为它几乎来自于头脑中经验的世界；另一套可以称为“洞察系统”，它可以帮助我们摆脱经验世界的束缚，探清事物的本质，从而看清一个真实的世界。

大多数人依赖于反应系统来观测这个世界，眼光难免会有狭隘之处。只有进入洞察系统，才能提升整个逻辑思维能力，改变整个心胸和格局。只是因着各种各样的限制，能够进入洞察系统的人少之又少。

沃顿商学院的教授们强调，逻辑思考的前提是洞察力，只要成功进入洞察系统，相当于“重启”了一个你。到时候，一个全新的思维世界将在你面前缓缓打开，你会由此领略到逻辑思维的魅力。

洞察力深潜于每个人的内心，想要挖掘、培养自己的洞察能力，首先要换一种眼光，重新去认识身边的世界。从某个角度来说，我们所能够接触到的世界由我们的感官能够感知的部分和不能够感知的部分组成，二者可以通俗地概括为“看得到的世界”和“看不到的世界”。前者指的是表象，后者指的是本质。如果我们都能够摒弃表象世界的迷惑，去深入挖掘真实的本质世界，在这个过程中，我们的洞察能力自然会慢慢提升，我们的逻辑思维能力也会得到飞跃般的进步。

想要培养自我洞察力，我们还要重新去认识自己。如果将一个人比喻成一辆车，当这辆车停在某个地方的时候，如果没有司机去开动它，这辆车只能停留在原地。有了司机，它才能继续前行，继续发挥作用。我们每个人都相当于自己的“司机”，真正驾驭我们的人是我们自己。这种驾驭意识，会敦促我们不断改进思维方式，提升观察力、洞察力，而不会像无脑的木偶一般人云亦云。

从实际生活来说，敏锐的洞察力来自于不断增长的学识和见识。不断地实践和思考让我们的大脑越来越强健，对知识的渴望、对新鲜事物的尝试让我们的洞察力与日俱增。普通人想要提升洞察力，完善自我逻辑思维体系，就要去正视失败的体验，积累成功的经验，逐渐成就一个强大而完美的自己。

学无止境，任何时候，我们都不能放弃自我提升。只因世界瞬息万变，再厉害的人，也免不了马失前蹄的时候。作为普通人的我们，更要一刻不停地修炼洞察力。

赫赫有名的比尔·盖茨是行业精英，哪怕是他，在互联网刚出现的时候，对这个新鲜事物的判断也出了误差。他曾说：“国际互联网出现的时候，我们把它列在第五、第六的位置。但是后来我们意识到它发展的速度非常快，其影响比我们制定策略时想象的更深远。”

沃顿校友、“股神”巴菲特是金融投资界当之无愧的传奇人物。他之所以能够取得如此耀眼夺目的成就，与其深刻的洞察力分不开。巴菲特一再公开强调，在投资市场上，少了洞察力、少了独立思考的能力，一定会陷入困境中。

他曾说：“我不知道股市明天、下周或者明年会如何波动。但是在未来的10年甚至20年里，你一定会经历两种情况：上涨或下跌。关键是你必须利用市场，而不是被市场利用，千万不要让市场误导你采取错误的行动。查理和我从来不关心股市的走势，因为这毫无必要，也许这还会妨碍我们对于行业发展前景的正确判断。”从这段话中，我们可以清晰地看出，巴菲特的洞察力建立在丰富的知识体系之下，面对着波云诡谲的投资市场，他眼光卓绝，头脑冷静。

2007 年，巴菲特经过一番调研后，决定收购中石油股票。而等他真的落实了这个想法后，他对于中国股市的现状和前景起了忧虑。他曾坦言说：“中国股市表现异常强劲，当有这么多人愈来愈醉心炒股，他们应注意是用什么价钱去购买，不应兴奋过度，因为不同国家的股市总有一天会走到极端，就像美国高科技热潮。我比较谨慎，当很多人对股市趋之若鹜，报章头版刊载股市消息时，就是该冷静的时候。”

事实证明，巴菲特确实拥有着常人难以企及的洞察力。不久后，一场股灾席卷了整个市场，一时间风声鹤唳，而巴菲特却因着不俗的远见将损失减小到了最低。

巴菲特之所以能够在投资市场中屡屡创造奇迹，是因为他从不人云亦云，更因为他极善于透过表面的蛛丝马迹看清问题的本质。想要提高自我洞察力，我们要在日常实践中不断学习、思索、总结，不断强化优势，不断补充短缺，并反反复复地去验证自己的所识所学，逐渐形成正确的、智慧的脑力和心态。

沃顿商学院思维课笔记：

洞察力，是逻辑思考的前提，它甚至能够帮助我们创造奇迹。想要逐步提升自我洞察力，就需要不断地去进行实践、思考、总结。

逻辑思考让人离成功近一些

杰里·温德是沃顿商学院市场营销系主任，是“沃顿商学院研究院计划”的先驱者之一，同时，他也是沃顿商学院SEI高级管理研究中心创始人兼董事。而杰里·温德最让人熟悉的身份却是享誉全球的营销专家及畅销书作家。他一共撰写过20多部著作，亦是很多著名的营销奖项的获得者。在撰写的畅销书《超长思维的力量》中，杰里·温德提出：逻辑思维能力的高低将决定你一生所能够承接到的发展机遇，具有独立自主思考意识的人通常比较容易获得成功。

福布斯的总裁兼CEO、《福布斯》杂志主编Steve Forbes十分赞同杰里·温德的观点，同时，他对《超长思维的力量》一书也有着超高的评价。在Steve Forbes看来，人们若固守于现有的思维模式之中，轻视逻辑思维的力量，就会成为日常生活、工作以及其他常规行为的“囚徒”，在日复一日的麻木、短视中离成功越来越远。

在沃顿商学院专家们的理解中，逻辑思维的过程，是一个化繁为简的过程，它最直接的目的是寻找到问题最有效的解决方法。我们完全可以将逻辑思维能力变成你我前行道路上的拐杖、平步青云的翅膀，以及拨开迷雾的明灯，让我们愈发靠近成功，取得想象中的成就。

《教父》是一部很经典的电影，其中，有一句台词引人深思："用半秒钟就能看透事物本质的人，和那些花费一辈子都看不清事物本质的人，注定是截然不同的命运。"逻辑思维能力突出、一眼看出事物本质的人的道路会格外平顺、精彩些；而那些思维僵化、目光狭隘、固守己见的人，却会有颇多坎坷，与机遇连连擦肩而过。

比尔是沃顿商学院的优秀毕业生，他曾在某家著名企业的公共关系部担任总经理一职，员工招聘及岗位安置是他的工作。在那段职业生涯里，他接触过数不尽的求职者，感慨颇深。在他看来，很多求职者虽然年轻，却抱着狭隘、老旧的思维观念不放手，整个人都被局限在头脑里的那一方小天地里，看不清外面广阔的世界。有的求职者尽管拥有潜力，却懵懵懂懂，对职业规划一无所知，这无疑是十分可惜的。

比尔也曾婉言点拨过一些求职者，劝导他们要重视逻辑思维能力的训练，尤其重视自我定位和规划，分析清楚自己的优劣势，想清楚短期目标和长期目标，并一步步脚踏实地地去实现，这样才能离成功越来越近。比尔身边有很多同事，在职业生涯的起初雄心勃勃，经历了二三十年的蹉跎后却依旧一事无成。他们在与比尔沟通的过程中总会叹气说，他们稀里糊涂地走过了半生，却从没有仔细思考过自己的道路应该怎么走，哪怕机遇来临，也没有能够牢牢握在手中，这才一直被搁置在基层岗位，得不到提升。

沃顿商学院的一个研究团队在经过详细的调查后得出结论，很多人之所以在职场上毫无作为，是因为从一开始就没有规划好理想的工作状态和目标，既不了解自己的专长和潜力，也不知道自己的兴趣点在哪里，就这样稀里糊涂、麻木地度过了多年职业生涯。在这个团队的成员们看来，这是人们逻辑思维能力欠缺的表现。

研究团队认为逻辑思考能力在人的综合素质中占据着极其重要的地位，它会如实地反映在人们职业生涯的规划中。

逻辑思维能力突出的人很清楚自己的定位，也很清楚自己想要的是什么。他们会将自身的优点和缺点分析得清清楚楚，为自己选定一条最合适、最易出彩的道路。而逻辑思维能力低下的人，纵使有着不俗的潜力，也不晓得怎样去挖掘。他们大多随波逐流，人云亦云，对自己的人生、发展定位有着极其错误的认识。他们的职业生涯很难走得顺畅，成功一般也很难降临到他们的身上。

为什么说逻辑思考能够让人离成功更近一些呢？

一、逻辑思考能够帮助人们迅速地掌握学习的技巧，拓宽进步的渠道。不管是生活中的小常识还是各种领域内的专业知识，都无法难倒逻辑思维能力突出的人，只因他们通常拥有着缜密、严实的思考方式，这使得他们总能获得事半功倍的学习效果。

二、逻辑思考能够帮助你提升自我综合能力和素质。在如今的社会中，高素质的综合性人才是最稀缺的资源。如果我们想要在瞬息万变的社会中稳住脚跟，就要努力增强分析问题、解决问题的能力。当困难与挑战来临的时候，逻辑思维能力突出的人往往能够稳定心绪，冷静权衡，直至解决障碍。

三、逻辑思考使得你拥有旁人无法企及的竞争力。在求学或者求职的过程中，我们总会经历一次又一次的笔试和面试。这些测试考验的是你知识的储备量，是你剖析问题、判断形势的思路，是你的语言组织能力和临场应变能力，而这些都与逻辑思考能力有着密不可分的联系。逻辑思考清晰、突出的人总能够将逻辑化为武器，帮助自己脱颖而出，可以说，逻辑思考便是人们敲开成功大门的宝贵钥匙。

在职场中，想要成长得比别人快，就得有一眼洞穿事物的本质、尽快掌握横扫一些难题的能力。沃顿专家们为读者们简单列举了几条能够提高逻辑思维能力的小窍门，具体如下：

一、将所遭遇的难题层层分解成互不重叠和干扰的子问题，并一一列出。在实际的应用中，你只需要在恰当的时候追问自己两个问题：1. 我是不是将所有子问题都列举了出来，是否还有遗漏？2. 这些子问题之间是否出现了互相重叠和干扰的部分？

二、遵从归纳和演绎的逻辑法则。归纳指的是详细列举出具备某种共同属性的事物，并圈出共通点。演绎指的是按照事物因果、时间先后以及重要程度排列出彼此影响、作用的因素，再寻找突破口。可以说，工作过程中的难题，我们都可以用归纳和演绎的方式来进行分解，需要的时候可与上一条窍门结合，将这团乱麻逐一理清楚。比如说，最重要的核心问题，问题背景、与问题相关的人物、导致问题的关键性因素以及次要原因、解决问题的各种不同的方法、想要解决这个问题缺少哪些资源或条件、如何弥补这些资源或条件等等。按照这样的步骤，我们可以将难题重新解构。

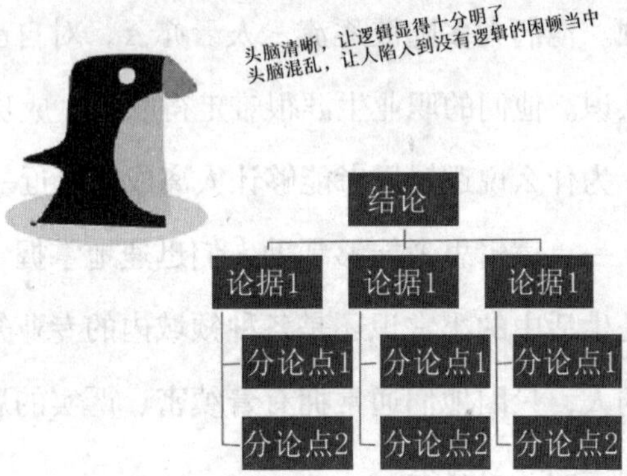

1.5 逻辑思考与成功

三、先将你的核心观点第一时间抛出，节省时间和精力。而关于这个核心思考的论述也许只有短短的几句话，却是你精心思考、研究、考证后的结果，它会是你最高思维脑力的呈现。当然，抛出核心观点，成功引得别人的注意后，接下来的时间里，你可以从容地去阐述你的论据及各大分论点。注重逻辑的层层递进，会起到意想不到的好效果。当你形成这个良好的思维习惯后，你的领导一定会很乐于听你分析问题、作报告。

逻辑思维能力是每个人都需要花费心神精力去修炼、提升的一种能力，它能够让我们更加靠近成功。在这个竞争激烈的社会中，若想不被轻易淘汰，就要学会更有逻辑、更有智慧地去分析问题、解决问题。优秀的人几乎都有着同一个共性，他们无一例外地伫立在逻辑思考的高峰上，俯瞰着自己的人生之路，他们总能够轻易找出一条闪烁着理性光辉的捷径。

沃顿商学院思维课笔记：

逻辑思维能力之所以能够带来成功，是由于它能够让人用最小的精力，获得最大的学习、工作效果，也就是常说的事半功倍。

发现问题
与解决问题

第二堂课

不能发现问题，如何解决问题

作为一家向全球商业精英传授商业思维和商业法则的机构，沃顿商学院在商业人才培养和商业问题咨询领域的成绩一直斐然于世。在这些成绩背后，是沃顿商学院学者对于商业问题的深入思考和领悟。

理查德·谢尔是沃顿商学院学者的典型代表，他对商业与成功进行了多年的研究，他进行研究的对象是商业领域的成功案例。谢尔搜集了大量的成功案例，从古代一直延伸到现代，试图从中总结出一些关于成功的必然法则。

2005年时，谢尔完成了这项工作，随即在沃顿商学院开设了一门课程——成功文献学。这门课程直到今天都是沃顿商学院最受欢迎的课程之一，它的主要内容是对于古往今来成功文献的总结和归纳，以此向学员们揭开成功的奥秘。

这门课程研究的文献五花八门，有200年前的《富兰克林自传》、100年前的《铁路大亨传奇》、几十年前的《人性的弱点》以及最近几年出版的《盖洛普优势识别器2.0》。通过对这些文献的研究，谢尔认为，成功者身上有着令人感到惊奇的普遍共性，虽然这些成功者来自不同时代、不同领域、不同阶级，但他们身上却很巧合地都具备某些素质，而这些素质中的第一条，便是总能够把握住问题的真相。

“不要以为问题都是摆在你面前的，它需要你调动一切头脑去思考，去发现！”

上面这句话是沃顿商学院教给你的一条商业准则，也是揭开商业成功本质的一条准则。

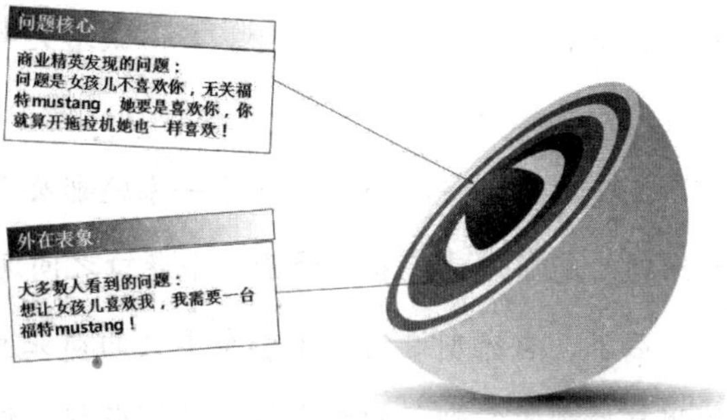

2.1 发现问题

这句话需要读者稍微动一下脑子，为了帮助读者理解，这里举一个简单的例子来说明：

简森是一个快要大学毕业的男生，他想要获得一台福特 mustang 作为毕业礼物，为此，他央求父亲为自己支付这台车的费用。但他的父亲却对此表示怀疑，并不情愿为他支付这笔费用。如果你是简森，你觉得你面对的是什么问题呢？你会认为，你面对的问题就是如何说服父亲？但事实真的如此吗？

当一个成功者面对这种状况时，他首先会问自己，为什么需要一台福特 mustang 呢？对于这个问题，他也许会回答，因为希望在毕业派对上引起别人的注意。那么，为什么要引起别人的注意呢？他也许会回答，非常喜欢的女孩儿会出现在派对上。

那么问题的本质就变了。简森需要的不是福特 mustang，也不是引人注意，需要的是最喜欢的女孩儿与自己共度良宵。那么，简森应该解决的真实问题是如何让自己变得更有魅力，而不是找父亲要钱去买一台明显不适合在工作场合开的车。

成功者区别于普通人的一点在于，他们的商业思维促使他们能够获知真实的问题所在，沃顿商学院将这一点命名为发现问题的能力，所谓发现问题，并不是说寻找问题，而是发现问题的实质。

沃顿商学院将发现问题放在商业思考的最前沿，这是因为商业的本质就是解决问题，商业领域的问题错综复杂，如果对问题不加区分地去解决，即使将一个人的精力占满，他也是无法把所有问题解决掉的。所以，商业思维的着眼点应该是发现最真实的问题所在，并针对性地加以解决。

科尼利尔斯·范德比尔特，美国铁路大亨，他是谢尔在沃顿商学院的课堂上引用较多的一个人。

范德比尔特早年曾经就职于一家轮船公司，为托马斯·吉布斯工作，往来于纽约、新布伦瑞克和新泽西三个港口之间运送货物。

后来，吉布斯遭遇到了一个重大的商业问题，商人罗伯特·利文斯顿从纽约州政府那里拿到了纽约水域特许经营权，这意味着吉布斯要面临被踢出市场的危险。

为了解决这个问题，吉布斯上门与利文斯顿寻求合作，但却遭到了利文斯顿的强硬回绝。得不到利文斯顿的允许，吉布斯一筹莫展。

此时，范德比尔特站了出来。他说服吉本斯按照他的设计建造了一艘更大的蒸汽船，并以罗马女战神贝娄娜为这艘船命名。其意思就是，向利文斯顿宣战。当“贝娄娜”号完成以后，范德比尔特亲自担任船长，每天驾驶它穿行于航线中，巧妙地躲避利文斯顿的追捕。

一开始，利文斯顿并没有把这件事当回事儿，但随着时间越来越长，利文斯顿发觉范德比尔特根本就不在乎自己手中的纽约州特许经营权，于是开始想办法。在疯狂的围追堵截不奏效之后，利文斯顿无奈地选择与范德比尔特谈判，但却遭到了范德比尔特的拒绝。

最终，在使用了各种方法都解决不了范德比尔特之后，利文斯顿将范德比尔特告上了法庭。这其实正是范德比尔特想要的，因为在利文斯顿拿到特许经营权的时候，范德比尔特就已经意识到，利文斯顿不是问题的关键所在，特许经营权才是。所以，真正的问题是要解决特许经营权。于是，才有了这样不断挑衅利文斯顿的一幕，其目的就是要利文斯顿把他告上法庭，因为一旦进入到法庭，就可以一直打到联邦最高法院，而在联邦最高法院里，范德比尔特有信心证明纽约州的特许经营权是违宪的。

后来，一切果真如范德比尔特预料的那样，在首席大法官约翰·马歇尔的主持下，联邦最高法院宣布利文斯顿的垄断违宪，范德比尔特获得了最终的胜利。

解决某种商业问题有各种各样的方式，最终成功的关键在于，让这些方式与问题的诉求联系在一起。

商业世界里，做无意义的事情就是一种“罪恶”。每个读者都需要了解到，自己为什么要做某件事，这样做能否彻底解决某个问题。可能你做某件事是没有理由的，这种行为是没有错的，但在商业的世界里，你不能期待没有理由的事会带给你一个成功的结果。

吉布斯或许能够通过与利文斯顿谈判，从特许经营权里面分一杯羹，但一方面这要损失商业利益，另一方面，还会永久受制于利文斯顿。而通过范德比尔特的行为，吉布斯不但什么也没有损失，还永久性地解决了类似的问题。

一个不能发现问题的商业人士，你能够期望他帮助你把问题解决掉吗？这也就是后来范德比尔特可以自立门户并成为铁路大亨，而吉布斯最终仍旧经营着自己的小轮船公司的缘故了。

当沃顿商学院的学员们走入商业领域之后，他们都懂得用较大的精力去发现问题，这便是他们从沃顿商学院学到的有价值的一课。

沃顿商学院思维课笔记：

解决问题从发现问题开始，问题发现得不准确，或没有发现真正的问题，再努力也是做无用功。

思考问题要深入，而不是停留在表面

1984 年的洛杉矶奥运会是史上最“怪异”的一届奥运会，因为这届奥运会被一个名为彼得·尤伯罗斯的人“承包”了。

事情的大概经过是这样的：1978 年，美国加州洛杉矶市赢得了第 23 届夏季奥运会的举办权，但洛杉矶市政府又拿不出钱来办奥运会，美国联邦政府也不肯为奥运会向洛杉矶市提供援助，在一筹莫展的时候，彼得·尤伯罗斯被推上了历史舞台。

当时，尤伯罗斯在洛杉矶市经营着一家小型运输公司，在得知洛杉矶奥组委有承办奥运会的困难时，尤伯罗斯从洛杉矶市政府手里接过了奥运会的举办权。尤伯罗斯所面对的局面是：第一，奥运会必须如期举行；第二，洛杉矶市没法筹集到需要的资金；第三，奥运会向来只赔不赚，很少有人愿意来投资。

这三个问题是无法逃避的，正是因为解决不了这三个问题，洛杉矶市政府才将这颗烫手的山芋扔给了尤伯罗斯，那么，尤伯罗斯是怎么解决的呢？

一般人的思维方式可能是：当前面对的最大问题是缺钱，那就想尽一切办法去借钱。但尤伯罗斯不这样想，他在经过深思熟虑之后，得出一个结论，最大的问题不在于缺钱，而在于奥运会不赚钱。就是因为所有人都将办奥运会看成一个赔本的买卖，所以才找不到钱。而想要解决缺钱的问题，最应该做的就是让奥运会变成一个赚钱的生意。

怎么样能让奥运会变得赚钱呢？尤伯罗斯又经过细致的思考和调研，他发觉人们似乎将奥运会看得太神圣、太复杂了，如果将奥运会看作是一场马戏会怎么样呢？马戏是不会赔钱的，可以通过卖门票、现场卖零食、卖场边广告以及出售影视转播权的方式来赚钱。

想到了这一点，尤伯罗斯就抓住了问题的关键，在他的努力之下，1984年洛杉矶奥运会成了历史上第一届全商业运作的奥运会，转播要收费、门票要收费、现场打广告及转播广告要收费，一切与洛杉矶奥运会有关的东西都要收费。尤伯罗斯此举不仅仅挽救了洛杉矶奥运会，也改变了奥运会的命运，要知道，在之前的几届奥运会上，主办城市都背上了巨额的债务，1972年德国慕尼黑奥运会亏损6亿美元，1976年蒙特利尔奥运会亏损10亿美元，1980年的莫斯科奥运会更是亏损了90亿美元，如此大的亏损，让奥运会越来越成为一个“鸡肋”。但在洛杉矶市，奥运会不但没有亏损，还盈利了2.25亿美元，是人类奥运会历史上的奇迹，而创造这个奇迹的，就是尤伯罗斯那颗能够深入思考问题的头脑。

2011年，沃顿商学院教授肯尼斯·施罗普谢尔写了一本关于商业思维的书籍，在这本书里，她对同样出自沃顿商学院的尤伯罗斯认识问题和处理问题的能力赞不绝口，更是将尤伯罗斯作为沃顿商学院商业精英的典范。

商业说到底是在解决问题，解决单个问题当然重要，但培养解决问题的正确思维则更加重要。沃顿商学院塑造学员的商业思维时，最注重的是深入思考问题的思维能力。

很多人思考问题太流于表面，这反映的是一种思维的惰性。当他们在面对一个问题时，他们对问题的思考往往只通向一个最直接的目的地，而并非整个思考的深入过程。

洛杉矶奥运会的问题，很多人看到的问题只是“缺钱”，但只有尤伯罗斯通过思考得出了其他的结论。

同样的，当面对金融危机的时候，一些人提出了这样的问题：公司是否需要缩减成本以应付即将到来的危机？这样的问题无论答案是“是”还是“否”，都没有本质上的差别，因为这种思考并不深入。

真正深入的思考是：公司通过采取保守的财务政策以确保削减财务风险，这对于应对金融危机会有那些帮助？这样的问题需要我们认真去思考，并应用自己的知识去探寻问题的答案，在这个过程中，人的大脑是要不断地与问题发生碰撞的，这对思考者来说，无疑也是一种锻炼。

那么如何能够更深入地发现问题呢？沃顿商学院告诉学员，可以选择将问题细分，将问题剖析成一个个更小的问题，一步步剖析下去，最终寻找到现实中正面对的细小问题。

细致而全面的思维导图会让问题得到充分地展开，最终帮助思考者将问题深入挖掘下去。

在这里，读者需要明白一个常识：世界上所有的问题都可以被分为三种类型。

第一类：基于事实的问题。如：企业是否亏损？企业的客户满意程度是否降低了？山毛榉是否是乔木？狐猴是灵长类动物吗？这类问题只会有一个正确答案，但知道正确答案对我们的帮助并不大。

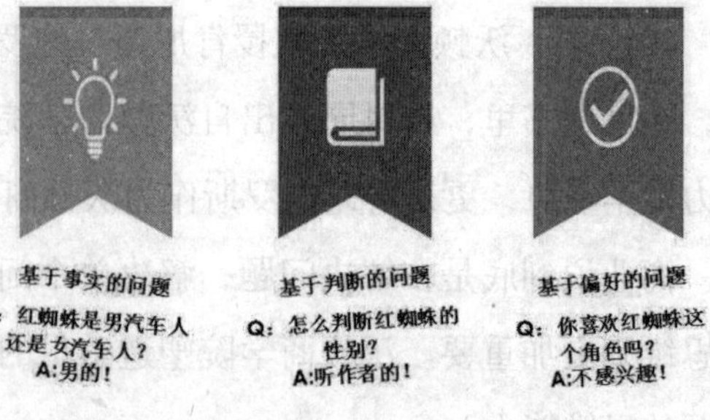

2.2 三类问题

第二类：基于判断的问题。比如：企业的亏损是由什么原因造成的？企业的客户满意度为什么会降低？乔木的判断标准是什么？为什么是一颗行星？灵长类动物的判断标准是什么？这类问题的答案往往需要一整套逻辑体系才能解答，但解答这类问题对我们有很大的帮助。

第三类：基于偏好的问题。比如：企业应该选择何种文化？企业的办公地点可以选在哪里？后院种植一株山毛榉是否好看？你是否能够接受人类食用其他灵长类动物的肉？这类问题的答案是不统一的，它们更多来自于人们的主管偏好。这类问题会影响我们对前两类问题的正确判断。

一个步步深入的思维模式，需要从第一类问题开始，按照第二类问题展开，同时规避第三类问题的影响。

当一个出身于沃顿商学院的商业精英面对一家亏损的企业时，他的思维方式是这样的：

这是一家亏损的企业吗？是的！

这家企业的亏损原因是什么？产品滞后于市场，导致客户流失率增加，新客户群体迟迟没有找到，产品市场份额急剧下降，企业运营成本依然偏高……

企业的亏损应该怎样挽救？按照个人的分析，可以采取的措施是研发新的产品，对现有客户进行深入挖掘，进入高端或低端市场抢占市场份额，用裁员来缩减办公支出……

总的来说，深入的思维是通过对现实情况的简化，利用线性逻辑思维，帮我们澄清复杂的问题，让问题从无序走向有序。

因为每个人都有专属于个人的思维模式，我们可以深入地思考我们自己的问题。但当我们在为他人分析问题的时候，却也不能太过主观，而要考虑使用别人能够接受的词汇、逻辑划分、逻辑线索等等，以确保信息能够准确地传达。

总而言之，富有逻辑思维的深入思考在成功的商业人士日常的工作中占有非常重要的作用，学习并掌握这种思考的能力，无论对于从事商业活动的人，还是对于普通人，都是具有极大价值的。

沃顿商学院思维课笔记：

问题的脉络不会摆在那里让人一目了然，人需要动用自己的头脑，去深处挖掘线索，将问题的脉络摸清楚，从而对问题有一个全面而清晰的认识。

问题总是在变化的

这个世界上所有的问题，都不会一成不变地摆在那里等你去解决，问题就像是正在发酵的粮食一样，随着时间的变化，你不知道它会成为什么样的酒。

当一个问题出现在你的面前时，你会下意识地对它有一个判断，但真的要解决的时候，又往往会发现，问题并非你想象的那个样子。更让人困扰的是，有的时候你认识到的问题是一个样子，但随着时间的推移，它却可能变成另一个样子。

就像是在清澈的泉水里用长长的网勺捞沉入水底的瓶子，你会眼看着你的网勺走歪，从瓶子旁边滑过，因为光线在水中发生了折射，你看到瓶子的位置并非它真实的位置。不巧的是，水流是移动的，你的瓶子还会在水流中发生位移，为了捞起瓶子，你就需要想出更多的办法。

扬·马克是西雅图市的一位健康医生，他有20多年的健康咨询经验，经常为客户解答各类健康问题。扬·马克遇到最多的问题是客户体重超重，因为超重而导致的各种心血管疾病增加。

约翰逊和肯是扬·马克众多客户中的两个，他们的身高都是 6 英尺，体重都是 353 磅，他们的工作是一样的，居住环境相差无几，就连生活习惯也是一样的，但扬·马克给予他们的建议却是不同的。

对于约翰逊，扬·马克的建议是：进行大运动量的运动，减少高脂肪食物的摄入，多实用含纤维较多的食物，尽量不要食用高糖分的食物以及碳水化合物。

对于肯，扬·马克的建议是：尽量做一些适当的运动，运动量不宜过大，增加一些纤维素较多的食物，并服用一定量的心血管药物。

从外表看一样的两个人，扬·马克的建议却是不同的，这就是因为问题背后隐藏着的实质是不同的。肯身体内的脂肪比例较高，从而导致了他有心供血不足的问题，在这种情况下，大运动量的运动是不适宜的，需要慢慢减少他体内的脂肪含量，必要的时候可以采用药物和手术的方法。

在经过了 15 个月的调整之后，肯的心供血能力慢慢恢复到了一个健康的范畴之内，这个时候，扬·马克又给肯设计了一套新的保健方案，这套新的方案就和约翰逊的相差无几了。

沃顿商学院里曾经流传过这样一句话：商业问题的解决是非常复杂的，就像医学问题一样，不能想当然做出判断，更不能认为问题总是一成不变的。

一个咨询团队进驻一家跨国企业，该公司需要解决的问题是，打算在一个新兴的市场经济国家增设一家子公司，因而需要对扩张计划的可行性进行分析。

一开始，这个咨询团队按照公司给定的思路进行研究，结果调查了几周的时间，也没有得出令团队满意的结论。这个时候，一个咨询顾问想到，会不会是公司的既定思路出了问题。之后，又经过几个星期的资料收集和分析，咨询团队才意识到，这家跨国企业在该新兴国家需要做的不是论证是否要扩张业务，而是要关闭现在所有的业务，因为该国家的权力不确定性太严重了。

该咨询团队的思路被企业一开始提出的问题给误导了，因而白白做了几个月的无用功。

搞清楚你面对的问题，是不是真正的问题，这是解决问题的前提。商业效率是以准确解决问题为前提的，只有把问题解决掉，才可以说是创造了商业的价值。靠主观甚至是臆想，是无法获得商业成功的。

发现问题的唯一办法就是更深入地挖掘，因此可以看到，沃顿商学院培养出的学员，在遇到问题时做的第一件事肯定是到处收集资料，到处记录事实，到处找人问问题。一般用不了多久，他们就能搞清楚自己走的方向到底对不对。

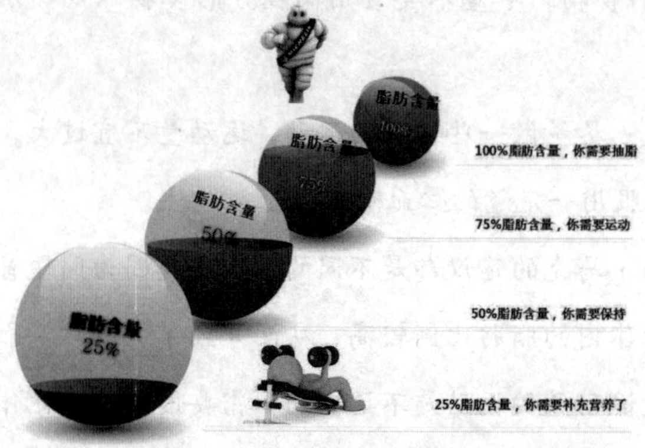

2.3 问题总是在不断变化的

当你确信自己是在为一个错误的问题而大伤脑筋的时候，不要感到失望，这代表着你已经走上了正确的道路。这就像一位医生认为病人轻描淡写的口述掩盖了他真正的病情，医生便会根据自己的学识做出正确的推测，然后要求病人做进一步的调查，从而帮助病人最终除去病患。

对于商业问题的认识，这里还有另一个需要思考的方向，即问题存不存在一刀切的解决方法。

当健康医生面对 10 个将自己描述为肥胖的亚健康客户时，他发现前九个都真的只是缺乏运动的肥胖，是否意味着他对第十个也可以简单地以增加运动量来制定减肥计划呢？答案是不可以。更进一步地说，即使 10 个病人全部是肥胖，但健康医生依然需要根据病人的实际情况，做一些更有针对性的治疗。

还有另一种情况，当一个肥胖的客户来到健康医生面前，医生依照自己的观察，认为肥胖的客户缺乏运动，并在饮食中摄入了大量的糖分和碳水化合物。

他要求客户回去加大运动量，减少糖分的摄入。

三个星期之后，客户回来了，身上的脂肪略微有所减少，但明显感到精力不如以前。此时，健康医生是要让他坚持减肥计划吗？经过调查医生发现，该患者的精力衰退是因为短时间内身体丧失大量的能量储备，而又没有得到很好的补充而导致的，如果再这样坚持下去，客户很容易出现某些器官的不可逆损伤，因此医生马上叫停了原计划，转而给客户制定了更为温和的减重计划。

同样的问题表象，可能意味着不同的问题实质，同样实质的问题，也可能因为问题周边条件的不同而有所变化。

如果不能够认识到问题总是在变化这一点，那么读者就很可能用正确的观察得出错误的结论。

国际金融投资者对于新兴市场经济国家一贯是非常热衷的，在这其中他们最热衷的又是基础设施领域。因为依照国际惯例，新兴市场经济国家首先要做的便是完善基础设施建设，政府会加大这方面的投资，因而风险会相对较小而回报相对较高。

但是，当国际金融危机到来时，一些新兴市场经济国家利用政府投资基础设施建设的行为，对经济进行强刺激，反而加大了这些领域的投资风险。这就是同一个问题，在不同的外部条件下，发生了变化。如果是一个不懂得分析问题的人，看到有国家资本在支持基础设施建设，因而贸然进入，那很可能就会赔得血本无归。

一位出身于沃顿商学院的商业经营者这样说道：“人们以为沃顿商学院对所有商业问题都有现成的答案，这并不是真的，这里只是教我们如何分析问题，与问题一起改变。”

从一个问题到另一个问题，也许这世界上所有的商学院所传递给学员的分析工具都是一样的，但根据实际情况选择工具的本领可并不是谁都有的，而这些正是沃顿商学院难能可贵的地方。

可是，面对同样的问题时，如果商业人士只是机械地说出这个答案，那么他早晚会陷入到麻烦当中，因为有些时候，同样的问题经过分析之后，得出的答案却很可能正好相反。

沃顿商学院思维课笔记：

世界上没有一成不变的问题，思考要跟随问题变化的节奏而变化，否则当人好不容易得出一个有价值的结论时，却又发现这个结论已经过时了。

把复杂问题分解开

美国西南航空公司是世界商业航空领域的一朵奇葩，在全球民用航空业都愁云惨淡的情况下，西南航空却能够保持连续42年盈利，这不能不说是一个奇迹。

这个奇迹的缔造者是西南航空公司创始人赫伯·凯莱特。1966年，在打算成立航空公司的时候，凯莱特面对的问题各种各样，每个问题又都是非常复杂的，其中一个最复杂的问题就是为客户提供怎样的服务。

在当时，这个问题即使是从业多年的业内人士也很难回答。为客户提供舒适的机舱环境，这需要解决从机内设计、机组人员培训、聘请有经验的飞行员、合理分配机舱空间等一系列问题；树立让客户信赖的品牌形象，这需要制定出未来10到20年的品牌规划，选择正确的品牌代理人，在不同的客户群体中投放什么广告；为客户提供点对点的直达服务，这需要在几大城市建立直接航线，合理安排航班班次，实现某种程度的区域或全国覆盖……

总而言之，赫伯·凯莱特面对的是一个错综复杂的大问题，需要思考的东西实在是太多了。那么，他是怎么解决这个问题的呢？他选择裁减掉所有没有必要的问题，用最直接的方式问客户，他们到底需要什么，最后得出的结论是，客户最想要的是廉价机票。

得出这个结论之后，凯莱特只做了一件事，就是让所有部门都缩减开支，进而实现整体成本的降低，从而做到了为客户省每一块钱。也就是凭借着低价策略，西南航空公司成功地在竞争激烈的航空业杀出了一条血路。

赫伯·凯莱特思考问题的方式值得读者学习，那就是在解决问题的时候，把核心问题周边的一切都忽略掉，只抓住最关键的一点，这其实是一种分解的思维方式，它可以帮助思考者用最小的思维活动获取最大的效率。

在茂密的森林里，人很容易迷失方向，原因是人没法找到固定的参照物，不知道自己走的到底是不是直线，因而，走着走着便开始原地转圈了。

要解决这个问题有一个笨拙而有效的方法，就是随便折几根又直又长的树枝，将它们指向你要去的方向，然后将最后面的树枝拿在手上放到树枝铺成的直线最前面。因为树枝是笔直的，就避免了你因为方向错误而绕圈子，就这样，虽然前进缓慢，但你最终一定会沿着这些树枝的直线找到出路。

这种树枝前进的方法带给读者的启示是，当有了一个特定的终极问题之后，要想解决这个问题，可以从一个个的小问题入手，把问题分解开，一步一步去解决。

分析考验着沃顿商业精英的逻辑思考能力，解决问题考验的则是将这种思考能力扩散到行动当中的能力。很多时候，问题不可能被一蹴而就地解决，人们要么剪去冗枝，抓住问题的核心，要么制定一个具有逻辑线索的计划，将问题分解开，以确保行动能够直线达到目标。

如何解答各种各样的商业问题，沃顿商学院自有一套完善的逻辑方式要遵循。这种方式要求思考者必须能够将问题分解开来，分析终极问题与终极行动、中间问题与中间行动、初始问题与初始行动。简而言之，就是将问题核心化、步骤化、阶段化。

核心化、步骤化、阶段化，这是逻辑思考之下解答问题的必要手段。就如同读者需要一个遮风挡雨的住所，在效率优先的前提下，就不要考虑住所的舒适程度、奢华程度，不要考虑房子的地理位置、周边环境，而只要抓住问题的核心，那就是以最快的速度盖起一个牢固的住所。

在盖这个住所的时候，读者还要把问题步骤化，先做地基，后安柱子，然后加盖顶棚，围好四周的围墙，把顶棚完全遮盖好……而在具体的做地基、安柱子的步骤里，又要确定好怎么做最牢靠，并为下一步做准备。

一般来说，人们更容易接受明确的、短期的、可以评估的事情，对于那些长期的、模糊的事情则难以保持专注度。再明确的问题解决方向，如果看不到解决问题的曙光，也是很容易让人产生懈怠情绪的。

思考商业问题的时候，第一层错误是无论什么问题都要思考到底，第二层错误是对问题的先后顺序不加以区分。这两种错误如果有一种便不足以让人抓住问题的实质了，更不要说有很多人是兼具这两种问题的。

所以，沃顿商学院的商业精英们之所以总是比一般的商业人士成功，不仅仅在于他们掌握了某些正确的商业思维，更在于他们规避了一些错误的商业思维。在沃顿商学院，为了规避掉这两个错误的商业思维，让学员学会解开复杂的问题，教授们引用了两个最经典的思维分析方法。

第一，剥洋葱法。

洋葱是一层裹着一层的，想要找到最核心的部分，就要逐渐剥去外面的层。这种思维的技巧在于层层递进，用链式推导的方式把问题的本质给推导出来，进而放弃细枝末节，直至问题的核心。

如下面的例子：

为什么你最近总是加班？因为对工作不熟悉。

为什么突然对工作不熟悉？因为领导分配了新的任务给你。

为什么领导要分配新任务给你？因为分管这部分业务的同事离职了。

那么，这个问题的核心就是同事离职，同事的工作给你留了下来，那么你的解决方式就是，请领导聘请新的同事来负责相关问题。

第二，多杈树法。

一棵树是从树干到树枝，从树枝到分枝，从分枝再到细枝，最后从细枝到树叶的。如果笔者用树干代表大问题，直接连着树干的树枝代表细分的问题，树枝上生长出的分枝代表再细分的问题，以此类推，最终是能够推到树叶所代表的即时问题的。

所谓即时问题，就是你立即可以完成，可以取得立竿见影的效果的问题。在处理问题的时候，这类小的问题总是最容易被解决的，一个个小问题被解决掉，再往上倒推，就能认识到再细分问题、细分问题、大问题，也就是说，大问题实际上就是最小的即时问题的和。

下面再介绍一下如何画出多杈树法的步骤：

1. 写下一个你的最大问题；

2. 写出解决这个大问题所有的必要条件和充分条件，这些条件就是细分问题，也就是第一层树枝；

3. 写出实现每个细分问题所需要的必要条件和充分条件，变成第二层树枝；

4. 依此类推，直到画出所有的树叶，也就是你的即时问题为止，多杈树的分解图也就基本完成了。

5. 最后检查一遍，看有没有需要补充的地方。

通过多杈树法分解之后，读者便可以清晰地得到一条解决问题的逻辑线，按照这条逻辑线走下去，每一步都能解决一个现实的问题，最终，便可以帮你将问题彻底解决。

分解问题是解决问题最有效率的思维方式，但是，如何将问题分解，还需要因人而异。对于不同的人、不同的商业环境来说，问题有很多，问题的分解方式自然也有很多，这就要靠读者到现实中去实践了。

沃顿商学院思维课笔记：

毕其功于一役在思维活动中是很少见的，面对复杂的问题，要学会对问题进行解构和分割，把它还原成一个个简单的小问题，并一一对应地去解决。

重要的小问题与不重要的大问题

使用过苹果设备的用户一定接触过 Itunes 软件，这款兼具影音播放和数据备份的软件对于大多数苹果用户来说简直就是一场灾难，因为它的可操作性实在是低得不可思议，以至于当苹果刚刚进入中国时就有人预言，苹果终究会被 Itunes 拖垮。

然而，几年的时间过去了，Itunes 还是一如既往地被吐槽，苹果在中国大陆却越来越受欢迎。那么，Itunes 为何没有拖垮苹果呢？这就涉及商业思考中一个重要的问题：什么是重要的大问题，什么是不重要的小问题。

Itunes 软件是连接苹果设备与电脑的重要工具，毋庸置疑它是一个大问题，但是它重要吗？无论对于用户来说还是对于苹果公司来说，它都不重要。

我们再来看苹果设备的触屏，苹果设备的触屏一直是苹果引以为傲的一个体验点，但在一款设备上，类似摄像头、触屏、按键、话筒等小的体验点有很多，如果从单一的角度讲，这些都是小问题，但对于用户体验来说却非常重要。

因而我们看到的就是，Itunes 软件虽然被吐槽了无数次，但苹果依然没有花费多大精力去改进，而触屏虽然已经做到了极致，但苹果仍然在花费更大的精力进行升级。

苹果公司的做法给我们的启发是：在我们身边存在的问题中，有些问题是大问题，但却未必重要，有些问题是小问题，但却关系重大，在精力有限的条件下，我们要学会对重要的小问题和不重要的大问题加以区分。

对问题进行区分，在商业领域有很多种方法，沃顿商学院在培训学员的时候，着重向他们传递的是“二八法则”与“四象限法则”两个理论。

20 世纪初，意大利经济和社会学家帕雷托曾经提出过一个原理：社会上到处充满着重要的少数与琐碎的多数，而少数与多数总体的比例为 2 ： 8，因此这一法则又被称为“二八法则”。

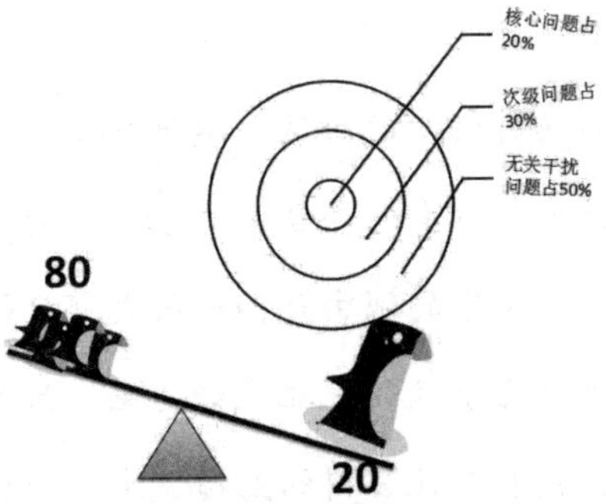

2.4 2/8 法则

“二八法则”的大意是：在任何特定的群体中，重要的因素通常只占少数一部分，而不重要的因素则占大部分，因此只要能控制关键性的少数因素就能控制全局。

帕雷托在通过对 19 世纪英国社会各阶层的财富和收益统计研究发现：社会上有 80% 的财富掌握在 20% 的人手里，而另外 80% 的人却只拥有社会财富的 20%，这就是最初的““二八法则””。它虽然反映了一种不平衡性，但是在社会、经济及生活中，这一不平衡性却无处不在。

在社会上，二八现象普遍存在：社会学家说，20% 的人身上集中了人类 80% 的智慧；管理学家说，一个企业或一个组织往往是 20% 的人完成 80% 的工作任务；商业人士说，20% 的商业机会创造出了 80% 的成功；咨询专家说，

20% 的问题造成了 80% 的损失。

“二八法则”应用广泛，它对读者解决问题的重要现实意义是：避免将时间和精力花费在琐事上，要学会抓住主要的问题。

奥里吉是沃顿商学院 2003 届的毕业生，他从宾大毕业之后进入一家服装品牌担任市场职务，几年之后晋升为设计总监。从市场部跨越到设计部，奥里吉其实并没有设计服装的本事，但因为他对于市场抓得很准，所以才获得了破格的晋升。

在市场部任职的时候，奥里吉曾经提过一个建议，要求公司集中优秀设计师，设计一批带有时尚新潮元素的宴会服装，并动用公司最优质的展位和橱窗来推广。奥里吉的理由是，公司大部分的销售都来自于少部分的客户，这些客户以中产以上家庭的无业主妇为主，只要抓住这一批客户群体，对她们进行深度营销，就能够让公司的业绩更上一个台阶。在进行了市场调研和用户心理画像之后，奥里吉选择了设计带有时尚元素的宴会服装这一招来迎合她们的消费心理。事实证明，奥里吉的判断是正确的，他把较大的资源用在较少部分客户身上的选择，替公司获得了更大量的订单。

公司不可能提供无限的人力和资本，要想在一定的时间里把所有的事情都处理好是非常困难的。所以，要学会合理分配时间和精力，把 80% 的资源花在能出关键效益的 20% 的方面。

这就要求我们在问题面前好好思考，给问题排定先后顺序，分出事情的轻重缓急。**要毫不留情地抛弃低价值的活动，永远先做最重要的事情。**

除了“二八法则”，沃顿商学院还有另一个重要的核定问题重要性的工具，那就是由美国管理学者科维提出的“四象限法则”。

科维提出，要把问题按照重要和紧急两个不同的程度进行划分，进行两个维度的组合，就可以把问题区分在四个“象限”里面：既紧急又重要、重要但不紧急、紧急但不重要、既不紧急也不重要。

“四象限法则”应该被应用到我对当前问题的分析上面，读者可以把要做的事情按照紧急、不紧急、重要、不重要的排列组合分成四个象限，这四个象限的划分会帮助读者一目了然地看到自己当下所最应该解决的问题是什么。

第一象限：包含一些紧急并且重要的问题，这一类的问题具有时间的紧迫性和影响的重要性，是无法回避也不能拖延的，所以要率先处理这类问题，如重大项目的谈判、重要的会议工作等。

第二象限：与第一象限不同的是，这里包含的问题不具有时间上的紧迫性，但是，它具有重大的影响，对于个人或者企业的存在和发展以及周围环境的建立维护，都具有重大的意义，也是不能忽视的。

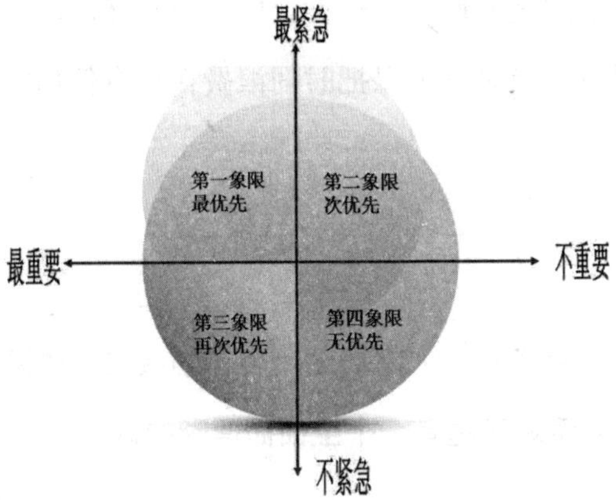

2.5 四象限法则

第三象限：包含的问题都是一些紧急但是不重要的，这些问题虽然很紧急但是并不重要，因此这与第一象限的问题具有很大的欺骗性。很多人都会在这里产生认识上的误区，认为紧急的问题都显得重要，但事实是，像无谓的电话、别人催着出去开派对等事情都并不重要。这些不重要的问题往往因为它紧急，就会占据着人们现有的时间，腾不出时间处理别的问题。

第四象限：包含的问题大多是些琐碎的杂事，没有时间的紧迫性，也没有什么重要性，这种事情出现在计划里纯粹就是在浪费时间。发呆、上网、闲聊、游逛，这些都是业余的消遣娱乐活动，不应该放到工作计划中。

通过这四个象限我们可以清楚地看出，第一象限和第四象限是完全对立的，壁垒分明，是很容易区分的。而第一象限是紧急而重要的事情，所以，在所有事情面前我们要优先处理这一象限里的事情，并且要着重处理，不能出现一点纰漏。

第四象限也是很容易判断的，它既不紧急，又不重要，所以，对于琐事缠身的问题，我们断不可将时间浪费在这一类事情上。

一般来说，读者最难区分的就是第二象限和第三象限，而第三象限对人们的欺骗性是最大的，它因为紧急所以会对人产生误导，忙着去处理。但是因为它们并不重要，往往处理完了才发现是在浪费时间。

第一象限则是我们主要的目标所在，一定要先处理完这类事情然后再着手处理别的事情。在这一象限里往往占据着80%的效益，所以读者千万不能忽视。

这就是沃顿商学院在思考问题的优先级时的两个思维工具，我们要想合理地安排身边的事情，就要先看清事情的重要性、急迫性、影响力，然后按照比重进行划分，在注重处理大事、要事，绝对不可以把时间浪费在没有任何实际意义的琐事上。

沃顿商学院思维课笔记：

问题的脉络不会摆在那里让人一目了然，人需要动用自己的头脑，去深处挖掘线索，将问题的脉络摸清楚，从而对问题有一个全面而清晰的认识。

转换角度，理性剔除

强森已经有三周没有陪女儿了，本来这周末答应好带女儿去游乐场玩，但昨天接到一个客户的电话，对方要来奥兰多，正好与强森讨论一下下个季度的合作。这个客户是不能不见的，强森又不想让女儿对自己失望，他不知道该如何是好。

到周四的时候，强森有了主意，他打电话给客户，邀请客户一家来奥兰多玩，并提出带客户的女儿一起去游乐场，两个人可以在游乐场的时候面谈。客户听了之后欣然允诺，就这样，强森一举两得地解决了问题。

一家地产公司在芝加哥市拿到一个商业地块，准备建设一个大型商业中心，在申报的时候，市政府规定该项目的绿化面积不得低于15%。

但等到了建设的时候，项目经理发现，如果按照原计划进行绿化，会让道路显得极为混乱，点对点的走廊、小路错综复杂，为此必须要求设计单位修改道路规划方案。

设计单位经过了数周的尝试，始终没有拿出一个令地产公司满意的方案，再这样下去，工期就必须延长了。这时候，一个设计师提出了解决方法，如果绿化不能够与道路同时展开，那是否可以划定一个特别的区域，进行集中绿化呢？他提出在一个预定作为停车场的区域铺设草坪，然后把停车场放到地下，这样问题就迎刃而解了。

在商业世界里，有些问题不是只有一个解决方法，如果将所有人第一时间想到的解决方法作为直接方法的话，或许在直接方法之外，还有很多方法可以替代它，我们称之为“可替代方案”。

你接手的一家正在走下坡路的企业正发生着严重的亏损，你必须解决这个问题。你的第一反应是增加营业收入，但你发现，营业收入的增加不是那么容易的事情，你觉得可以尝试着削减企业的经营成本。此时，削减经营成本就是增加营业收入的可替代方案。

那么这个时候，你又会想，如何来削减成本呢？通过具体分析，你了解到企业在缩减成本时可以采取的方案是：裁员，削减员工工资；压榨供应商，削减材料成本；减少办公人员福利，减少办公成本；采取更保守的财务策略，削减资金成本等等。

如果，削减成本只有一个裁员方案，那么你的决策不会出现任何问题，只要这样去做就好了。然而，当裁员可以被其他的方案所取代时，问题就变得不一样了。

你想要裁员，但你又害怕因此引起工会的反弹，你害怕员工用罢工来威胁企业，当你无路可走时，你可以硬着头皮这样去做，但当你有选择可以避免这些时，你就不能不去评估那些可以取得同样的结果的方案。效果一样，但需要付出的成本不同，这就是可替代方案存在的意义。

在思考的过程中，合理选择可替代方案是非常重要的，因为你可以考虑的选择越多，追求的目标越多，需要进行的替代就越多。但是，单纯的替代次数并不是使决策变得艰难的原因，问题在于每种替代方案都有自己的比较成本。

所谓比较成本，指的是在做出某个选择而放弃另外一个选择时所需要付出的成本。如果比较成本能够以某种数字或评估选项来表达的话，事情还没有那么复杂。

譬如：方案一成本是1个单位，方案二成本是0.6个单位，方案三成本是1.2个单位，那么毫无疑问，方案二会是最好的选项。但问题在于，在现实的商业世界中，成本很难量化得如此清晰。

当无法进行量化时，很多人就只能凭直觉做选择了，因而也就出现了很多误打误撞的错误。为了解决这个问题，沃顿商学院提出了一个思考体系，他们将这种体系称为“理性剔除”。

理性剔除的方法类似于和自己讨价还价，当沃顿商学院的学员们试图做某种取舍的时候，他们要利用目标选项的价值来比对放弃选项的价值，以确认自己的选择是否合适。

开展理性剔除的方式，沃顿商学院在课堂上推荐的是做出可替代方案表格。

使用铅笔和纸张或者电脑的电子数据表格，在页面的左侧列出你的目标，在顶部列出你的可选项，这样就得到了一个空白的矩阵。

在矩阵的每一个单元格内，写下对于指定目标（由行来显示）来说某种选择（由列来显示）的重要性的准确描述。需要注意的是，要使用统一的术语来描述某一给定目标下所有的重要性。也就是说，在每一行中使用统一的标准。

这是商业中心委托的设计单位为商业中心进行可替代方案绘制的表格：

目标	方案 A	方案 B	方案 C
[redacted]			
成本	不增加	少部分增加	增加较多
[redacted]			
取舍	无法解决因为绿化而导致空间不合理、道路紊乱问题	一定程度能解决方案 A 的问题，但效果有待检验	完全解决方案 A 的问题

在这个表格中，企业的经营者可以直截了当地看出各种替代方案的优缺点，如读者所知道的，开发公司最在乎的就是空间使用的问题，那么毫无疑问，他可以选择用方案 C 来替代掉方案 A。

一张清晰的表格，为决策者提供了一个可进行替代的清晰的框架。而且，它施加了一种重要的规则，强迫你在决策过程的一开始就定义所有的选择、所有的目标和所有相关的重要性。虽然建立一份重要性表格并不困难，但是我们总是惊讶于决策者很少拿出时间在纸上记下复杂决策的所有因素。离开一份重要性表格，重要的信息可能被忽略，替代可能被随意进行，从而导致错误的决策。

如果此时决策者很难在各种方案中选择一个令自己最满意的方案，那么也不用担心，可以用排除法来解决这个问题，即决策者可以不做出最优的选择，但必须剔除那些令自己无法接受的选择。

使用这种简单的策略，可以帮助决策者节省很多精力。实际上，有些时候它可以直接得出最后的决策，如果除了一个选项，所有的选项都处于相对无法接受的局面，那么剩下的选项就是你最好的选择。

值得一提的是，理性剔除的原则不仅仅适用于解决问题的决策上，也同样适用于发现问题。当我们面对多个问题时，也可以利用理性剔除的原则找出问题的优先级，并进行最优的解决问题的安排。

总而言之，理性剔除作为一种思维工具，其本质在于让思考者转换角度，能够从多角度思考问题，从而发现解决问题的最好方案。理性剔除会在发现问题和解决问题上给读者带来很大的便利，它也是沃顿商业精英总是能够用最小的代价做出最佳选择的原因之一。

沃顿商学院思维课笔记：

理性剔除对应的是经济学上的机会成本，就是为一件事必须放弃另外一件或多件事所能获得的收益，将选择的和放弃的进行比较，能够帮助人做出最合理的选择。

分析
是思考的武器

第三堂课

不做研究，所有的分析都是“胡扯”

扮演“硅谷恶人”角色的乔布斯，一直是以一个暴君的形象出现在商业世界里的，他专横、固执、偏执，但却并不愚蠢。

在乔布斯的商业事迹中，力排众议开发 iPod 是一个重要的里程碑，iPod 并不是乔布斯的创意，它来自于设计师托尼·法戴尔，在当时的苹果公司高层会议上，这个创意并不被人看好，除了乔布斯。他认为，很多人之所以反对，都是出于第一反应，觉得没有人会为 iPod 这样一个东西买单，但他想听听托尼·法戴尔的意见。

作为一个具有市场思维的设计师，托尼·法戴尔用了大量的时间做用户研究，他给乔布斯传递的信息与那些在高层会议里拍脑门子的人是完全不同的。在听取了托尼·法戴尔的意见之后，乔布斯也亲自进行了市场研究，并最终得出了自己的结论，坚决站在托尼·法戴尔一边。最终，市场证明了乔布斯和托尼·法戴尔是正确的。

商业思维最重要的武器是对问题和事件的分析，用各种不同的分析工具，将错综复杂的局面剖解开来，最终得出一个具有可行性的结论。

商场上没有常胜将军，因为分析的结论有对与错之分，没有人能够保证自己分析出的结论永远正确，伟大的商业头脑只能够保证，自己判断正确的概率要高于普通人，自己的结论不会错得离谱，而保证这一点的，就是和乔布斯一样的研究。

3.1 不做研究，所有分析都是“胡扯”

研究是分析和思考的前提，一个人如果不做市场调研，不对可行性进行权衡，那么他的结论就是在碰运气。即使是狡猾的匪徒，在抢劫运钞车之前也会对交通路线、逃跑路线、押运员武力配备进行研究，就是为了尽最大的努力得出正确的结论。

商业更是如此，每一个刚刚进入沃顿商学院学习的人，一定要学习怎样搜集材料，并对材料进行甄别研究。在沃顿商学院的理念中，研究是一切分析和行动的前提，如果没有对重要材料的研究，便不能把握住问题的本质，也就无法透彻地分析问题。

而在出身于沃顿商学院的商业人士的整个职业生涯中，对资料的研究贯穿始终。因此，沃顿商业精英往往能够掌握更多的研究技巧，他们运用这些技巧去寻找实际商业问题的答案。

事实上，商业世界里大部分伟大的创举，几乎都是来自于对商业形势的准确判断，而这种判断就来自于研究。

Windows 操作系统未必是20世纪最伟大的技术发明，但却一定是20世纪最成功的商业创造，Windows 的商业成功在于其广泛的适用性，让那些对电脑并不了解的人也能够迅速掌握使用电脑的技巧。

Windows 诞生于1985年，在它诞生之前，使用最广泛的计算机操作系统是大名鼎鼎的DOS。但是DOS系统有一个致命的问题，它要求使用者必须对计算机命令非常熟悉，否则很容易因为命令错误而导致操作失败。

DOS的成功在于其使用者大多是受过良好教育的专业人士，可以很快地掌握命令。但是，到了20世纪80年代中期，电脑开始向商业和生活阶层普及，此时，DOS的局限性就成为它扩大用户群体的障碍，而比尔·盖茨及时推出了可以简便操作的Windows迅速占领了市场，并依靠着Windows全面普及所带来的巨额利润跃居世界首富。

Windows 的成功在于其普遍的适用性，但这种适用性是怎么来的呢？是比尔·盖茨对于用户群体的充分研究。作为一个商业天才，比尔·盖茨通过长期对市场的观察，敏锐地分析出计算机用户群体的变化，技术低端的普通大众成了计算机最大的用户群，满足这些人的需求才是计算机系统未来的发展方向。

有很多人认为，商业精英之所以能够在商业上无往不利，这是因为他们过于常人的知识积累和逻辑分析能力。知识积累当然是重要的，但运用知识和现有材料对具体问题进行研究，则是分析工作的前提。没有研究，所谓的分析不过是凭空猜想而已。

有很多人会以材料匮乏为理由，省略掉研究这最重要的一步。但在互联网时代，信息是如此之多，网上可供利用的材料比比皆是，找不到信息不应该再成为拒绝研究的借口。

对于商业来说，研究要具有针对性，对于某个具体的问题去进行。对于人的自我成长来说，则是去研究那些与你的工作相关的事情，尤其是一些类似的工作。无论你正在干什么，你其实都会找到这样的机会，那就是总有什么人在什么地方干过与你相似的事情。从别人的成功和教训当中去研究，学习别人的经验而规避别人的教训，这对你未来的工作是非常有帮助的。

研究是一项很有意义的工作，尤其是当你正在为某类问题寻找解决的方案时，朝正确的方向研究则十分重要。在沃顿商学院的课堂上，一位教授曾这样论述如何研究一家上市公司的经营状况，他说：

“去研究年报，如果你想要尽快了解一家上市公司的经营状况，年报会带给你很大的帮助。而且更关键的是，包含了除财务数据之外大量信息的年报，是任何人都能够从证券网站那里得到的。

“当你拿到一家公司的年报的时候，首先要看的应该是年报前面的‘股东信息’或‘董事长评论’。只要你仔细阅读这一部分，而且是用略带怀疑的眼光去看问题，你就会发现大量内容，比如公司上一年度的业绩，管理层对公司未来定位的考虑，还有公司为达到这一目的而制定的战略。一般你还会快速浏览一下诸如股票价格、收益、每股盈利之类的关键财务指标。

“通过深入地研究年报，你会发现这家公司的经营业绩和生产信息，甚至可以从中得知这家公司的管理人员都是些什么样的人，这家公司的投资风格和财务选择。然后，通过这些研究结果，你可以运用你所掌握的分析工具，对这家公司进行分析，最终你便会得到你想要找的东西。

“研究需要找对合适的资料，这些资料包括数据的资料、信息的资料和成功的经验等等。总而言之，商业中到处都存在值得你研究的地方，你的同事、对手、用户，这些都能够为你提供很多有价值的资料，研究它们会让你获得很多有益的东西，可以帮助你接下来对问题的分析。

“一个刚刚入行的推销员，无论他多么卖力地思考，耗费多大的精力，都不如去请教那些行业中的佼佼者，去研究那些成功推销员的案例，这样对他的帮助更大。在分析问题的时候，出发点是很重要的，而决定出发点对与错的，就是对于所能够找到的资料的研究。”

沃顿商学院思维课笔记：

分析必须实事求是，立足于现实，不能凭空设想，不能主观臆断，负责人绝不能不做调查就对事件或问题下结论。

极简主义的MECE分析法

一家化妆品公司经常收到来自经销商的抱怨，原因是公司成批量发给他们的化妆品中总有一些是空的，有时候空盒会被消费者买走，因此引发了很多争执。

公司立即着手展开调查，发现是由生产线不可控的生产速度所导致的，为解决这个问题，公司决定开发一个复杂的机器，用以对包装好的化妆品进行检测，从而挑出那些没有被装进化妆品的空盒。然而，在投入了大量的经费之后，研发处的机械还是很难令人满意，无奈之下公司只好选择人工检测，这无形之中就增加了成本。

然而，在人工检测刚开始一周，公司发现一线的检测工人为了偷懒，居然找到了一个非常好的方法：他们在生产线两侧摆放好几个电风扇，电风扇不会将有化妆品的盒子吹走，却刚好能够把空盒吹走，就这么简单，这个问题就解决了。

同样一个问题，高层管理者把它想得非常复杂，但基层的工作人员却能够采取非常简单的方式处理，这并不是看问题的角度不同所导致的，而是思维方式的不同所导致的。

底层人员的思考，仅仅停留在这一件事的解决上面，因而，他们不会刻意地将问题复杂化。而这就是重要的思维法则——奥卡姆剃刀法则。

14 世纪，英国神学家奥卡姆提出了一个逻辑观点，其内容是“切勿浪费较多东西去做，用较少的东西，同样可以做好的事情”。简单来说，就是将一切事务尽量简化。这个原则被认为是极简主义的典范，它也被后人称为“奥卡姆剃刀原理”。

极简主义的精髓，可以从苹果公司的设计理念中体现出来，史蒂芬·乔布斯追求简约的美，苹果产品上没有任何多余的设计，一方面引领了风格，一方面也避免因为设计繁冗，导致使用上的不便。

思考问题，就要像乔布斯思考苹果产品那样，尽量把问题简化到最清晰明朗的状态下。譬如阐述一个观点，如果仅仅是为了让对方明白，那么最有力的话语便是最直白的话语；再比如解决一个问题，如果仅仅有一个目标，那么直接达到这个目标的解决方案就是最合适的解决方案。

商业分析有各种不同的工具，一个被应用得非常广泛的符合奥卡姆剃刀法则的工具是 MECE 分析法。

MECE 分析法全称是 Mutually Exclusive Collectively Exhaustive，实质是指对于一个重大的问题，能够做到不重叠、不遗漏地分类，并对问题的核心进行有效的把握，最终得出解决问题的方法。

MECE 分析法强调在解决商业问题或者其他任何问题的时候，读者要尽量理清自己的思路，在保持思考逻辑完整的前提下，避免因为任何原因而导致的困惑及纠缠不清。

这里，我们可以用两个词来形容 MECE 分析法，那就是相互独立，完全穷尽。MECE 用最高的条理化和最大的完善度，帮助思考者理清思路，进入简明扼要的逻辑思考当中，进而省下大量不必要浪费的精力。

正因为MECE分析法有着如此优点，它才会屡屡在沃顿商学院被提及，成为很多教授备课案卷里面不可缺少的一部分。

而在沃顿商学院自身的管理当中，也有很多强调MECE的地方。比如，沃顿商学院要求每一位商业精英提供的每一份文件、每一次情况说明、每一份电子邮件或声讯邮件都必须是相互独立，完全穷尽的。

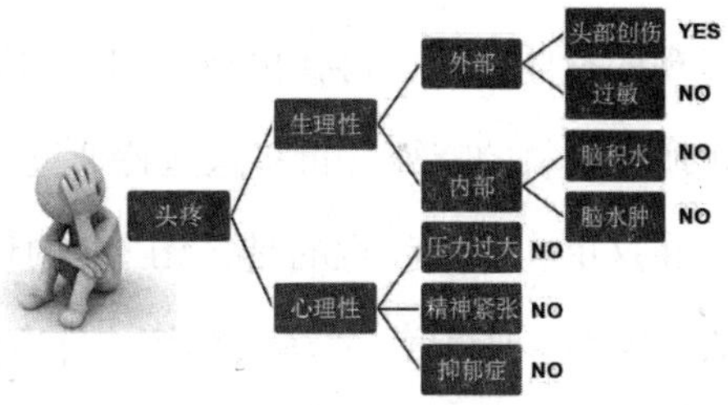

3.2 MECE分析法

MECE在商业思考上要如何应用呢？简单来说，在思考一个商业问题的时候，你需要从问题最高层次的解决方案开始，分析出你所必须解决的问题的所有细节。

当你认为这一部分已经确定之后，再仔细分析它们，看一看是不是每一项都是独立的，是不是每一项都是可以清楚区分的？如果是的话，那么你所列的清单就是相互独立的。然后再分析这个问题的各个方面是不是都出自所列内容的一项（而且是唯一的一项），也就是说，你是不是把一切都想到了？如果是的话，那么你所列的内容就是完全穷尽的。

使用MECE分析法，是为了避免思维上的以偏概全和逻辑混乱。人的思维如果没有一定的条理性，很容易出现因为逻辑混乱而导致的结论错误。

通过分析将问题排列得更加有条理，形成完整的多级逻辑线，这是MECE分析法的作用。下面，读者需要再看一看MECE分析法是如何展开的。

第一步：首先要确认你面对的问题是什么。辨别你面对的是什么问题，并分析问题所要达到的目的，读者才知道自己需要找些什么材料，这可以避免读者漫无目的地尝试。寻找材料是思考的开始，让材料引领整个分析过程，会让分析的逻辑变得混乱起来。

第二步：寻找符合 MECE 分析法则的思维切入点。寻找切入点的最佳方式是分析“问题”和“目的”，也就是你希望通过资料来解决哪些问题，得到什么样的结论？不过，如果始终想不到明确的切入点，读者也不妨先思考一个材料呈现的整体特征，再找出与之相对的概念。再进一步，读者也可以先列举出手边所有资料的特征，再将这些特征进行归纳分类。

在这里，需要注意的是，MECE 的切入点往往不止一种，擅长 MECE 思考的人，会从各种角度、立场去拆解一件事情。因此，在用 MECE 分析问题的时候，要尽量从不同的角度去思考，这样才能寻找到最有助于解决问题的逻辑线。

第三步：继续以 MECE 细分。有的时候，我们虽然已经对资料、问题或者答案进行了分类，但有可能分割得太过宽松，也有可能分割得不够严谨。此时，我们需要用 MECE 法则来检视分割的过程，如果能够继续细分的话，一定要细分下去。

第四步：确认分割有无遗漏、错误。最后，读者必须审视分割的切入点是否合适，也就是有没有项目被错误地分割到了不属于它的框架之中，或者有没有重要的项目被遗漏，同时也要审视是否有些项目根本就没有归属。当然，如果有必要，对于那些无法分析从属的项目，也可以将其划归到“其他”门类当中。

通过以上四个步骤，再烦杂的资料、再繁琐的问题，都能够建立起逻辑框架，进而被拆解开来得到最终的解决。MECE 在概念上并不算难，但要能够灵活地应用，则需要我们在日常的工作和生活中不停地加以练习。

作为一种极简主义的思维武器，MECE 在分析和解决问题方面能够给我们带来很多的帮助。对于这种武器，我们应该牢记在内心深处，以便在需要的时候，随时可以拿出来使用。

沃顿商学院思维课笔记：

简单的问题就简单分析，复杂的问题也要尽量简化来分析，只要没有必要，就一定不能人为地为自己增加思考难度。

刨根问底的 So what/Why so 原则

美国堪萨斯州有一家梅森医疗中心，它是一家综合性的城市医院，和很多综合性医院一样，梅森医疗中心也要面对紧张的医患关系。

梅森医疗中心位于市中心偏西的位置，周围生活着的普通工薪阶层构成了医院的主要患者群，患者的共同特点是：粗鲁、暴躁、文化水平不高、做事冲动。当时，梅森医疗中心经常会发生患者与患者、患者与医护人员之间的殴斗，几乎每个月都要有几个人被警卫拖去警察局，患者的低素质被认为是问题的症结。

2015 年，一位商业咨询师来到梅森医疗中心就医，他惊奇地发现，导致梅森医疗中心医患关系紧张的原因并非人们想象的那样，患者素质高低并不是斗殴发生的原因，真正的原因是梅森医疗中心在就医流程的设置上存在着明显的不合理。

原来，梅森医疗中心只向患者发放一张带有个人保险号码的就医单，对于那些没有保险的患者则只给一张白纸，然后让大家按照护士站前的标准格式表格自主填写，但这个表格既烦琐又不清晰，而且只在护士站前粘贴了一张，因此填写的过程让很多没有保险号码的患者都非常烦躁。

在等待就医的过程中，梅森医疗中心在一楼的大厅里设置了不分科室的等候区，除了重症病人可以得到急救之外，其余的人都要等在大厅里按科室等候。嘈杂的大厅让很多患者心烦意乱，一些冷门的科室可能很快就能就医，而一些常见的科室则通常要等很久，一些不明所以的患者不理解为什么有些人刚来就能够得到救治，为此十分恼怒。

在梅森医疗中心，化验的单据总是能够被患者首先拿到副本，之后一段时间才会将原本送到医生的办公室里。当患者拿到副本之后，他急切想要知道自己的病情，但此时医生却还没有见到化验单据，因此往往会要求患者继续等候，患者不明白为什么自己还要等，失去耐性进而大吵大闹的患者比比皆是。

在弄清楚事情的原因后，这位咨询专家找到梅森医疗中心的负责人，他向建议优化患者的就医流程：为患者准备多种就医表格，在不同的区域按科室划分出等候区，将化验单据的发放顺序对调，增加医生与患者，以及患者与患者的沟通平台。这些措施实施以后，梅森医疗中心的斗殴情况果然有所改观，医患矛盾再也不像从前那样激烈了。

上面这一则故事出自沃顿商学院一位教授的教案之中，在沃顿商学院的课堂上，他拿出这样一则案例，目的是启发学员们关于问题真实性的分析。

在进行商业分析的时候，有这样两个问题是无法绕过的，那就是：“问题到底是怎么回事？”“问题真的像一般人想象的那样吗？”解决这两个问题的分析工具就是 So what/Why so 分析原则。

So what/Why so 分析原则是两条讨论问题的线索。So what 是自下而上的，意思是:“这些东西都代表了什么？”它需要你对列出的各种材料做透彻的分析，厘清各个要点之间的逻辑关系，并检查论据是否能够支撑上一级的论点。

Why so 则是由上往下的讨论，问题是：“为什么会如此？”它需要你对上一层的结论进行分析，确认结论是不是真的由论据推导而出，换句话说，它需要你检查论据与上一层的观点之间是否真的有因果关系。

将梅森医疗中心的案例引入到 So what/Why so 分析的框架中来，“护士不负责任”“等待时间太长”“就医者随意被插队”……这些是 So what 的一部分，即能够看到的患者的抱怨理由。

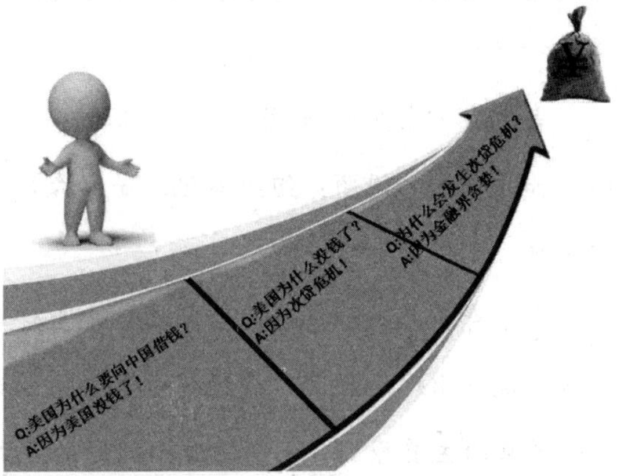

3.3 追问到底的 SO WHAT/WHY SO 原则

接着到了第二部分，即做一一对应的分析：“护士不负责任”是因为护士人手不足，“等待时间太长”是因为患者被忽视了，“就医者随意被插队”是因为科室安排有问题……

接下来，用 Why so 追问：“为什么会这样？”因为就医流程不合理，最终，发现了问题的根本原因所在并提出了解决方法。

这里，再用一个形象的例子来说明，有些高档餐厅会留有供顾客留言的意见本，意见本上填写着各种各样的意见。对这些意见进行分门别类的分析，我们会看到“服务员对菜太不了解了”“点菜经常会上错”这样的意见。然后对照着意见来向上提问：“这些意见代表了什么呢？”它代表了“服务员对于后厨的信息了解得不清晰”这一个问题，这就是 So what。

而相对于 So what，Why so 追问的是“为什么会这样”，并且利用手边的材料对问题加以验证和确认。对于“服务员对后厨的信息了解得不清晰”这个问题，解决方法有很多种，可以经常召开服务人员和后厨的联席会议，可以只招聘素质较高的服务员……

解决方式必须建立在问题真的存在的基础上，在做出解决之前，还需要回过头检查一下问题是否真的存在，如果事实证明顾客只是一时兴起的随手涂鸦，那么这个解决方案无疑就没有正面意义了。

So what/Why so 分析原则本质上是一个思维刨根问底的过程，一个具有强大商业头脑的人，就应该有这种刨根问底的精神，才能够真正地把问题解决掉。

当杰克·韦尔奇接过了通用公司 CEO 的职位时，他也许没有想过自己将面临如此严重的问题：组织僵化、等级森严、人员懈怠、官僚作风严重、不关心用户、对市场反应迟缓……

韦尔奇不是一个恐惧问题的人，在上任之后，他用了将近一年的时间来分析这种现象出现的原因，最终得出了自己的结论：人员冗杂、机构臃肿是导致这一现象的主要原因，而解决这个问题的方式就是大规模的改革和裁员。

之后便是通用公司历史上著名的大裁员，韦尔奇着手改革管理体制，减少管理层次和冗员，将原来企业内部的8个层级缩减了一半，并且对高层管理者大幅度裁撤。几年的时间里，韦尔奇先后裁撤了公司25%的部门，拿掉了18万人的工作，将350个经营单位裁减合并成13个主要的业务部门，卖掉了价值近100亿美元的资产……

如此大刀阔斧地削减公司规模，尤其是发生在美国企业宣扬雇员终身制的70年代，韦尔奇不可避免地遭受内外的质疑。不但美国媒体对韦尔奇恶评如潮，通用内部都极为反感他，很多人因为他大幅裁员的无情举动还给他起了一个绰号，叫作“中子弹杰克”，中子弹——威力巨大并毫不留情。

但在一片反对声中，通用却在韦尔奇的手下重新焕发了活力，在短短几年里，通用就扭亏为盈，再次站到了行业的最前沿。

韦尔奇的案例也是沃顿商学院课堂上分析的经典案例，在无数次的论证和讨论之后，商业人士们得出一个结论，那就是韦尔奇的方法是当时唯一能够挽救通用的商业策略，而之所以能够发现并坚持这个方法，就是因为韦尔奇看到了通用问题的本质，这正与 So what/Why so 分析原则的本质相契合。

无能的头脑会寻找理由，并告诉自己为什么不行，强大的头脑则会去为为什么要这样做寻找论据，一旦得到了事实的支持，他们不会停下行动的脚步。这两者的区别并不在于成功者比失败者更有胆量，而在于正确的逻辑思考方向和帮助成功者将问题剖析得无比透彻的工具，这个工具就是刨根问底的 So what/Why so 原则。

沃顿商学院思维课笔记：

So what/Why so 法则的实质是对一个问题的原因和形成深入研究，这正是商业思考的精髓所在，对于这个工具的学习和掌握，是思维训练必不可少的组成部分。

面面俱到的 5W2H 分析法

2012 年 1 月 19 日，拥有 131 年历史的老牌摄影器材企业柯达公司正式向法院申请破产保护，一个商业巨头就这样倒在了互联网大潮之下。

124 年前，乔治·伊斯曼创办了柯达公司，秉承着“让人人都会用”的理念，伊斯曼让照相机从专业人士才能掌握的专业设备变成了普通人就能操控的家用电器，柯达也因此一跃成为光学领域的巨头企业。

在 124 年的发展史中，柯达先后推出了一键完成拍照的傻瓜相机、集拍照和冲洗于一身的拍立得等多项产品，都广受消费者的好评。然而，进入互联网时代，一向以创新著称的柯达却突然变得不适应潮流了。

面对用户越来越多样化的需求，一直在市场上占主导地位的柯达不愿意接受让用户做主的现实，它依然我行我素地开发自己的产品，意图继续用产品引领用户。尤其是对互联网时代备受用户青睐的数码技术，柯达作为这项技术的创造者之一，却选择了将技术隐藏。结果是，柯达的固执让用户离它而去，公司的营业额连年下降。到最后，当柯达终于意识到没有用户就没有柯达的时候，柯达已经处在了破产的边缘，没有了起死回生的机会。

柯达的悲剧在于，它面对错误的形势选择了错误的坚持，在商业世界，坚持并不是一个特别优秀的品质，尤其是在面对一个明显不可行的局面时，一味地坚持只能让情况变得越来越糟。

在商业世界，读者有时候必须要判断一件事情是否可行，而对可行性进行论证，在沃顿商学院当中，读者会学到一个 5W2H 分析法则。

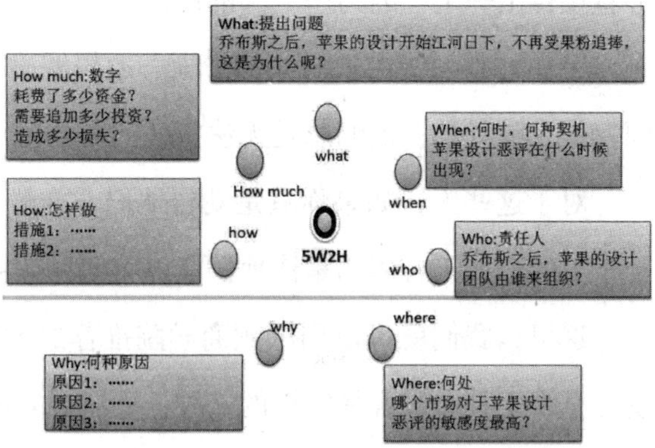

3.4 5W2H 分析法

在第二次世界大战期间，美国陆军军械部军械维修所经常会遇到一些衡量军械维修可行性的问题，如果衡量得不准确，会白白浪费很多经费。在这个种情况下，维修人员逐渐总结出一套严密的体系，这一套体系由七个问题组成，这七个问题可以帮助维修人员检查思考过程中的遗漏，这七个问题由英文 why、what、when、how、where、who、how much 来代指，因此又被称为“5W2H 分析法”。

“二战”结束后，5W2H 分析法被商业世界效仿，将其引入到了战略管理和议题管理领域，并逐渐普及到了商业领域的各个环节当中。

福特汽车前 CEO 唐纳·彼得森说过，多问一些问题，便不用花费力气为过多的问题去寻找答案。而 5W2H 分析法追求的正是这种以问题涵盖全部环节，进而让分析面面俱到甚至有所突破的境界。

很多人都有这样的困惑，自己明明很努力却没办法把工作做得更加出色，自己明明很辛苦却没法让事业打开局面。

不知道读者是不是也正在为这样的事情发愁：为什么自己的销售业绩就是

上不去？为什么自己的产品设计就是通过不了？

但凡遇到问题，你首先想到的三个字就是“为什么”，但大多数“为什么”都不是那么容易回答的。

“你为什么赚不到钱？”“同样卖一种产品，你的企业为什么打不开局面？”“同样的机会，你为什么把握不住？”……类似这样的问题，你很难能够直接得出一个“因为……”的结论。

譬如，有一些在平时头脑清晰、逻辑明确的人，当遇到问题的时候，会瞬间变得头脑混乱，他们总是无法抓住问题的重点，无法将问题的头绪理清。

对于这些人，如果你只是劝告他们“冷静一些”“再多想一些”其实是无补于事的，真正有用的是让他们能够将问题按照一定的逻辑细分开来。

这里，我们就可以用沃顿商学院推荐的5W2H分析法。5W2H分析法可以说是思维工具中最容易掌握的一种，而掌握它的意义又是十分的重大。

为什么（Why）、做什么（What）、何人做（Who）、何时（When）、何地（Where）、如何（How）、多少（How much）这七个问题，是5W2H分析法的核心，通过对这七个问题进行解答，便可以发现完整的解决问题的线索。

这里，读者需要看一下这七个问题的具体内涵：

Why——为什么？为什么要这么做？理由何在？原因是什么？这个问题的提出是为了寻找问题出现的背景和条件。

What——是什么？目的是什么？做什么工作？这个问题的出现是为了确立当前所面对的问题到底是什么。

Who——谁？由谁来承担？谁来完成？谁负责？这个问题的出现是为了确认问题的对象。

When——何时？什么时间完成？什么时机最适宜？这个问题的出现是为了解决一切与问题有关的时间问题。

Where——何处？在哪里做？从哪里入手？这个问题的出现是为了解决与问题有关的地域或切入点问题。

How——怎么做？如何提高效率？如何实施？用什么方法？这个问题的出现是为了解决与问题有关的方式方法。

How much——多少？做到什么程度？数量如何？质量水平如何？成本产出如何？这个问题的出现是计算解决问题出现所需要耗费的资本、精力或其他投入。

某公司的办公室要购置一台自动贩卖机，以解决员工喝饮料的问题，后勤部门是这件事的负责单位，接着，负责人便可以用5W2H法则来分析增设自动贩卖机的可行性。

首先是why，即弄清目的。购置自动贩卖机的理由是什么呢？负责人认为，支持的观点有：它可以解决员工购买饮料的问题；可以解决员工出门购买饮料的时间问题；可以为公司增加收入。

其次是what，即确认问题。问题是什么呢？后勤部门负责人列出了两项：第一项是了解全员（包括公司领导）对于购置自动贩卖机的意见，第二项是决定购置贩卖机的品牌及类型。

第三是when，即何时开始实施征询意见的工作？在此之后，又要何时去购置自动贩卖机？

第四项where与第三项when是并列的，那就是确认自动贩卖机摆放的位置。

第五项who与三四项也是并列的，即让谁去负责处理以上问题。购置贩卖机由哪个部门负责？搜集内部人员的意见又由哪个部门负责？

接下来第六项是how，即如何开展以上的各项工作。这里包括，如何搜集企业内部人员的意见，如果获取自动贩卖机的资料，如何获得相关部门的资源，如何定期评定自动贩卖机的执行效果。

最后是how much，这其实是一种可行性分析，为问题的解决——购置自动贩卖机设置一个合理的购置成本，并预估其运用的成本和收益。

通过以上七个问题，后勤部门将在购置自动贩卖机过程中可能遇到的所有问题都摆了出来。

实际上，在沃顿商学院课堂上进行商业问题分析的时候，以 5W2H 法则对问题进行彻底的剖析，一直是所有学员都愿意进行的工作。

任何问题，只要经过了这七个部分，都可以得到全面和透彻的分析。而一些突破性的思考，通过这七个问题，也往往能够打开一片新的天地。

有些问题提出来，会挫伤你的想象力，有些问题提出来，则会让人发挥想象力，在分析商业问题、展望商业未来的时候，多运用 5W2H 分析法，会让你的工作更有效率。

沃顿商学院思维课笔记：

思考问题最忌讳的是盲人摸象，要对问题有一个全面的认识，才能够站到局外人的高度把问题解决掉，5W2H 原则是全面认识问题最好的工具。

综合评定的 SWOT 分析法

想要购买一辆汽车，但你对汽车并不了解，你选择去咨询懂车的朋友，他不厌其烦地为你讲解了一整天，从汽车的原理到不同车型的优劣，讲得你头昏脑涨，讲得他口干舌燥，当他讲完之后，你更不知道自己该买什么车了。

第二天，你决定去汽车网站上看一下，结果你一下子豁然开朗了。不同品牌车型的排序已经按照打分摆在了网站的首页上，这让你完全可以按图索骥，更贴心的是，除了每辆车的打分，还有不同车型、品牌之间的优劣对比，所有信息都无比清晰。就这样，你只用了半个小时，就知道自己该买什么车了。

你的朋友用一天时间也没能解决好的问题，专业的分析师们只用几张图就让你彻底理解了，这其中的差异在于是否有一个合理的方式帮助你理解问题。

在分析领域，如何对一个问题、机会、商品甚至于个人得出清晰明朗的结论，这似乎是一个很难的问题。但如果能够以打分、排序、比较的形式进行分析，立刻会变得十分简单。

譬如，在考虑是不是该买一辆奔驰 smart 时，你可能要考虑很多问题，而且还无法判断出哪个问题是应该优先考虑的，所以你很难得出一个最能说服自己的答案。

这个时候，你把奔驰 smart 和其他类型的车放在一起，你看到它相对于其他车的某方面的优势和劣势，并对不同的车进行打分，从排名和得分上有了一个更加直观的概念，那么，你便可以得到明确的答案了。

这种对同类事物进行对比的分析方法，会给读者一个综合评定结论，在这方面的分析上，沃顿商学院用得最多的就是 SWOT 分析法。

在很长一段时间里，SWOT 分析法都是商业决策重要的分析工具。它具体是指以优势（strength）、劣势（weakness）、机会（opportunity）和威胁（threats）来分析一件事的可行性，实际上是将一件事内外部条件各方面的内容进行综合概括，进而分析出优劣势、面临的机会和威胁的一种方法。

例如，你要购买奔驰 smart，你将看到汽车网站为你总结出：优势——外观个性、设计感；劣势——操作不方便、底盘对路况要求高；机会——最近可能做一次促销活动；威胁——宝马或沃尔沃可能会出同类型、同价格但配置更高的车。

从购买商品这种小事，到进行商业研究，SWOT 分析法可应用的范围非常广泛。

设立于中国内地的某家物流企业想要追加投资，以增加在全国范围内的市场份额，对于投资的前景，咨询顾问用 SWOT 法分析如下：

机会：经济持续保持较快地增长，区域间的经济融合，将扩大物流市场容量；电子商务井喷式发展，物流的需求量进一步扩大；精良自动化中转设备、终端设备、信息管理系统应用将进一步提高物流产业操作效率。

威胁：物流市场竞争白热化；投资的边际效益降低；国际物流公司渗透；大型企业的多元化，电商组建自己的物流网络；政府对环境治理力度不断增强，物流业需要支付更多的节能成本；不断提高的人工成本和营运场地租金，将增加企业的经营费用。

优势：从事物流企业多年的经验；良好的企业财务盈利能力；基本覆盖全国的直营网点；先进的信息管理系统和技术设备；良好的企业品牌形象。

劣势：人才缺乏；一线、二线新入员工流失率相对较高，增加企业用工成本；资金融资渠道单一；三线城市缺乏网点。

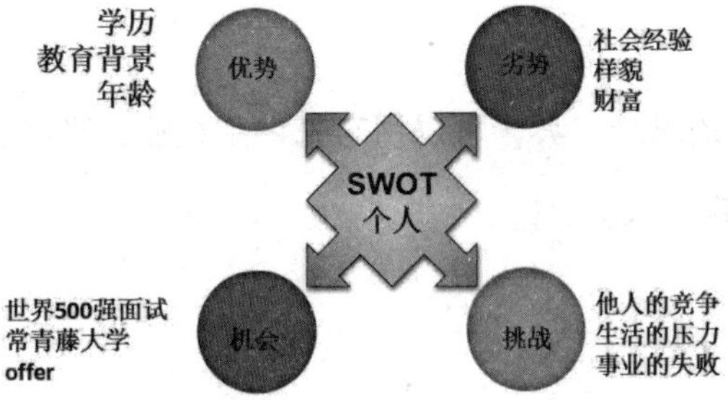

3.5 SWOT 分析法

在这份咨询报告中，该企业的优势、劣势、机会与威胁被全面地概括了出来，企业可以一目了然看到问题都出在什么地方，需要从什么地方去着手解决问题。

具体到SWOT分析法则是怎样运作的，这需要读者对SWOT之中的OT和SW两个环节分别加以说明。以企业战略分析的问题为例，OT即企业面对的机会与威胁，分析OT的主要目的是分析企业所在的生存环境对企业的影响。环境的影响可以分为两大类：一类表示环境威胁，另一类表示环境机会。

环境威胁指的是环境中一种不利的发展趋势所形成的挑战，如果不采取果断的战略行为，这种不利趋势将导致企业的竞争地位受到削弱；环境机会则是指对企业行为富有吸引力的领域，在这一领域中，该企业将拥有竞争优势。

SW是企业的优势和劣势，这是对企业内部条件的分析。识别环境中有吸引力的机会是一回事，拥有在机会中成功所必需的竞争能力是另一回事。每个企业都需要定期检查自己的优势与劣势，才能保证持续的竞争力。

使用SWOT分析法的好处在于，能够找出对自己有利的、值得发扬的因素，以及对自己不利的、需要规避的因素，进而发现存在的问题，找出解决办法，并明确今后的发展方向。

根据SWOT分析，读者可以将生活、工作中所遇到的所有问题按轻重缓急分类，明确哪些是急需解决的问题，哪些是可以稍微放一放的问题，哪些属于战略目标上的障碍，哪些属于战术上的问题，并将这些研究对象列举出来，依照矩阵形式排列，从中得出一系列相应的结论，而结论通常带有一定的决策性，能够帮助你做出正确的决策。

沃顿商学院思维课笔记：

SWOT分析法是一项综合评定的思维工具，可以用它来评定企业、产品、商业机会，当然，也可以用它来评定个人。

面对非理性的分析

依靠公式、结构和数据的分析，总能够让商业精英们对问题得出正确的答案吗？其实也不是。

有的时候，最大型的商业机构，聘请最顶尖的商业精英，运用最合理的商业分析，基于最明确真实的商业数据，依然会得出令人啼笑皆非、目瞪口呆的答案。在可口可乐的历史上，就曾经有过这么一次惨痛的经历。

1985 年 4 月 23 日，可口可乐公司董事长罗伯特·戈伊朱埃塔宣布了一项惊人的决定。他宣布经过 99 年的发展，可口可乐公司决定放弃它一成不变的传统配方，因为通过严谨细致的调研，可口可乐公司发现了消费者需求的变化，决定调整配方口味，推出新一代的可口可乐。

可口可乐公司的行为可不是一时冲动，而是花了 400 万美元的代价，开展了 190000 余次品尝实验，参加者来自各个年龄组，包括全球的每个地区。可口可乐确信自己找到了真相，这个真相包括：

可口可乐的市场增长速度从每年递增13%下降到只有2%；竞争对手百事可乐的市场份额从6%猛升至14%；在过去的10年中，百事可乐的忠诚消费者从4%上升到11%，可口可乐的忠诚消费者从18%下降到12%……所有的数据最终指向：消费者口味的变化是可口可乐销售瓶颈的唯一原因。

而后，可口可乐公司对于新配方做了一系列的实验，实验表明：

在不告知测试者的情况下，口味测试的结果是，新可口可乐以6%～8%的领先优势击败百事可乐。

在不允许消费者看到商标的情况下，新可口可乐的满意度超过老可口可乐10%，结果为55%对45%。

在允许消费者看到商标的情况下，新可口可乐的满意度超过老可口可乐22%，结果为61%对39%。可口可乐公司确信自己发现了市场需求，以毋庸置疑的态度实施可口可乐的升级计划，宣布生产新可乐。

1.5亿人在新可乐面世的当天就品尝了它，看上去一切正常，然而后续的发展却出乎所有人的预料。一个月之内，可口可乐公司每天接到超过5000个抗议电话，以及雪片般飞来的抗议信件。一封信是这样开头的："亲爱的糊涂老总，是哪个笨蛋决定改变可乐配方的？"

那些忠于传统可口可乐的用户甚至建立了"美国老可乐饮者"的组织，发动全国抵制新可乐。当年5月，可口可乐公司在全国45个城市派送了100万罐新可乐，用近乎哀求的方法让消费者试一试，但结果却是成箱成箱的老可乐被买空。

可口可乐公司付出了几百万美元的资金和无数的人力，最终却制造了一场灾难，这当中的问题到底出在了哪里呢？

如果，我们承认整个分析过程没有问题，而分析最终得出的结论却是错误的，那就无异于承认建立在逻辑思考上的分析是没有价值的，这当然是不会发生的。

那么，分析到底在哪里出了问题呢？沃顿商学院在开设逻辑思维课程的时候，也会专门开设一些与心理学有关的课程，这是因为，在商业世界里，人并不是冷冰冰的数字所能够完全代表和衡量的，而逻辑分析又往往只以数据、信息、资料等可以量化的要素为对象，这就难以避免在面对非理性的时候出现偏差。

什么是非理性呢？简而言之，就是人做出了自己解释不了的行为。经济学有一个基本假设，就是将市场上的所有人都假设为理性的，而理性的人总是能够做出对自己最有利的选择。

然而，就像可口可乐的分析这样，在认定了人会做出理性选择的时候，人却表现出了他们非理性的一面。

当人表现出他非理性的一面时，是不是就不能去分析了呢？当然不是！无论是思维在商业上的应用还是在其他领域的应用，对非理性的人的分析都是重要的组成部分。

分析非理性的人或行为，一样需要数据、资料和信息，但要在分析情感的基础上，换句话说，先思考人出现非理性行为的动机和原因，然后在这个基础上进行分析。

沃顿商学院的亚当·格兰特教授曾经说：“（分析人行为的）经济学家都很酷！”为此，格兰特教授举了几个经济学上分析非理性行为的例子：

比起有 24 种口味可选择的情况，人们在只有 6 种口味可选择时购买果酱的可能性更大……

看过邻居的能源消耗率数据以后，人们会节约更多的能量……

当卖家把房子的定价由 119900 美元提高到 149000 美元时，看过房子的房地产中介会把估值提高 14000 美元，而不是保持不变……

格兰特教授认为，这些问题都是非理性的行为，而研究这些的关键是从心理学的角度出发，得出心理学上的结论，然后再进行商学上的分析。

那么，再回到可口可乐的问题上，导致可口可乐分析失败的心理因素是什么呢？

自1886年创立起，可口可乐的发展正好见证了美利坚民族的崛起，它见证了美国领土的扩张，见证了自由女神像的诞生，见证了两次世界大战，见证了黑人民主运动，见证了人类登上月球，见证了美国成为世界第一强国。在这个过程中，可口可乐已经成为美国的一个标志，承载着辉煌的过去。

因此，很多顾客选择可口可乐并不是因为它口味有多么独特，而是因为这个品牌给了他们不一样的感受，尽管这种感受很主观，但却让顾客非常固执地坚守。可以这样说，购买老可乐对于很多用户来说是一种怀旧的感情，而这种感情是新可乐无法承载的。

所以，这样一来商业研究者便能够得到答案了，可口可乐要做的不是创新，而是复古，他所谓的口味，应该可以作为一种改良，但主要的营销卖点，却应该集中在顾客更加感兴趣的怀旧上面。

读者需要明白，商业世界里没有分析不了的问题，也没有分析不了的人，所有的一切都能够寻找到线索，通过思考得出你想要的答案，关键在于，在掌握好的分析方法的时候，你如何巧妙、灵活而又恰到好处地运用它。

沃顿商学院思维课笔记：

面对不可避免的非理性，常规的信息分析并非不起作用，只是应该建立在情感分析的前提之下，以情感为先导，这正是非理性问题的特殊性。

批判性思维 让头脑中没有“想当然”

第四堂课

沃顿式思维框架：批判性思维

很多人都想问，沃顿商学院为什么这么牛？它又有哪些独特之处？

美国宾夕法尼亚大学沃顿商学院创立于 1881 年，它是美国第一所大学商学院，美名远扬，蜚声国际，引得无数学子趋之若鹜。在 2015 年“US News 美国大学商学院排名”中，沃顿商学院与哈佛商学院、斯坦福商学院共同获得第一的殊荣。

沃顿商学院的牛体现在方方面面。它不仅是世界上第一所专业管理学院、第一所管理和外语（课程）双专业学院，它还位列美国 2014 年毕业生起薪最高的前 20 大学院。它是全球 MBA 教育的领跑者，无数“牛人”毕业于沃顿商学

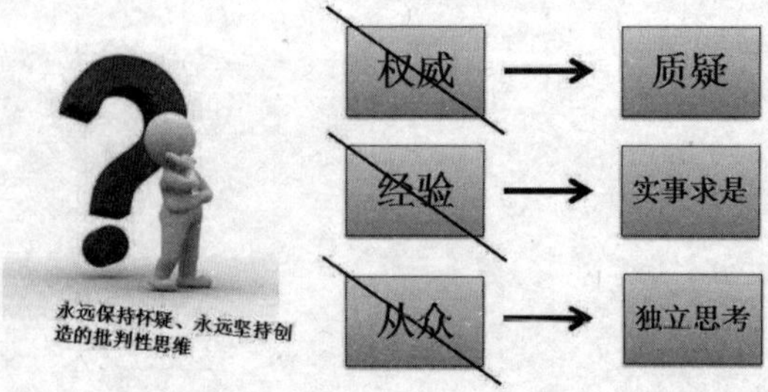

4.1 批判性思维

院，比说通用电气公司的荣誉董事长琼斯，比如雅诗兰黛公司董事长CEO劳德，比如摩根大通公司投资银行业务主管博伊斯等等。

沃顿商学院拥有5000名在读本科生、MBA、EMBA和博士生，它是拥有最多学术著作的商学院之一，每一年其参与高级管理人员培训项目的人数远远超过9000。

沃顿商学院之所以这么牛，在于其独特的管理思维和教学方式。批判性思维是一种扎根于所有沃顿人脑海里的根深蒂固的思维方式。沃顿商学院深信，这种思维方式会在管理和教学等方面发挥出不可或缺的、重大的影响力，这代表着每一个沃顿人都拥有着一整套相互关联的、环环相扣的关键问题的意识，这代表着他们不仅有着能够恰如其分地提出、回答关键问题的能力，还知道如何积极主动地利用关键问题去拨开眼前的迷雾。

一位负责沃顿商学院招聘工作的职员曾说，沃顿商学院总是在寻找那些在分析和思考能力领域十分杰出的人，他们有着不俗的批判性思维，能够轻而易举地将问题分解成一个个小的部分。为了成功招揽到那些拥有批判性思维的人才，在招聘的过程中，面试者们总会遇到一些稀奇古怪的问题，比如说："一棵树有多少片叶子""美国有多少加油站"等。

这些问题看似是在为难面试者，实际上是在考察他们的思维过程。的确，答案不重要，沃顿人看重的是面试者们在面对如此"荒谬"问题的时候能否充分发挥批判性思维，去打破僵化的、固有的思维模式，将问题大刀阔斧地分解、重新组合，并在联想的过程中给出合乎情理的假设。

Jack Hershey是沃顿商学院的教授，他曾做过这样一个课堂案例。

教授缓缓陈述着案例，说："有个女人看中了珠宝店里的一条项链，价值78美元，她给了珠宝商100美元的支票购买项链。珠宝商手头没有多余的零钱找给女人，只好去找隔壁店主。在隔壁店里，珠宝商把女人的支票兑换成了100美元的现金。回到珠宝店里，珠宝商将项链和22美元的零钱给了女人。哪知道后来支票被退票了，他必须补偿另一个店主的损失，并支付100美元给他。一开始那女人看中买走的项链的进货价格是39美元，那么请问，这笔生意中珠宝商一共亏了多少钱？”

讲台底下坐着的学生全部是来自地产界标杆性企业和地方性特色企业的高管精英，有的是做地产投融资的，有的是做商业、住宅房产的，有的是做旅游地产的，个个经验丰富，驰骋商界。Jack Hershey教授将大家的答案收集完毕后，分为三大类：亏损小于75美元，亏损在76美元至150美元之间，亏损在151美元至200美元之间。后来教授又将这三大类标为三大阵营，分别立于教室的三个角落。他让学生们各自离开座位，分别站在所支持的阵营中。

很快，三个阵营便集结完毕。第一阵营（认为“亏损小于75美元”）的人数明显少于其他两个阵营。

Jack Hershey教授让学生们自由讨论，并给予了又一次选择的机会。很快，第一次动摇开始了。有些人意志不太坚定，看了看自己企业的领导正站在另一个阵营里，不由得丢盔弃甲，跟了过去。又一次集结完毕后，Jack Hershey教授看了看目前的阵容，给了大家又一次自由选择的机会。就这样，第二次动摇开始了，没有本企业领导在的同学开始向着行业标杆企业领导们所在的阵营抱头鼠窜，三大阵营暂时稳定下来。

在教授的示意下，三个阵营开始了激烈的讨论。经过一轮轮反复的讨论，第一阵营的人对自己的答案坚信无比，从容而自信。第二阵营的人却集体怀疑起了自己的答案，个个垂头丧气，不再讨论。第三阵营的人却因着不同的意见，争论得面红耳赤，没有一个明确的论断。

最后，第三阵营和第一阵营的人讨论了起来，相互交流之下，第三阵营的人迅速分为两派，其中一部分加入了第一阵营。第二阵营的人默默听着他们的争论，越听心里越有了计算，干脆齐齐加入了第一阵营。最后，第三阵营的人不堪大家的“炮火”，渐渐想明白了道理，也一股脑儿地加入了第一阵营。所有人都得出了一个正确的答案：珠宝商亏损了61美元。

从这样一个案例中，我们不由被沃顿商学院独特的教学方式所深深折服，商学院的教授们总是会让学生们亲自去体验思考、确立答案、质疑、推翻、思考、再确立答案……这一系列的过程，运用批判性思维去帮助学生们做出最终正确的决策。可以说，沃顿商学院逻辑思考课中最重要的一堂便是批判性思维方式的学习。想要对批判性思维有一个更深的理解，我们先来整理清楚这种思维的框架。

一般来说，批判性思维建立在自主性、好奇心、创造力的基础上，它要求我们拥有发现问题、回答问题以及解决问题的能力。只有保持思维活动的自主性，你才有可能获得思维能力上的突破。想要批判性思维得到锻炼，不妨根据以下九个步骤的指引，尝试着一步步开展下去。

步骤一，了解问题。只有将问题充分透彻地了解清楚，才能驱动后续所有思考。

步骤二，为问题的存在与发展寻找某种解说，或者逻辑依据。

步骤三，锁定思维中类似于“直觉”“感觉”这些不确定的、危害到逻辑的因素，并剔除掉。

步骤四，确定价值观假设和描述性假设。前者指的是思考者某种带有偏向性的价值观，后者是思考者关于世界过去、现在和未来的某种看法。这些都会影响人的正确的逻辑走向。

步骤五，检查推理过程中是否存在谬误，使得逻辑陷入死胡同中。

步骤六，分析思维当中证据的效力。需要注意的是，某些类似于个人经历、观察、判断、专家意见、过往案例等证据并不一定具备效力。

步骤七，寻找替代原因（解释），可以说明特定问题会导致特定结果的原因。

步骤八，查看一些被省略的重要信息，这些对于整个思考过程大有裨益。

步骤九，将能够得出的合理的、基于事实的又具有突破性的活动一一列出。

沃顿商学院的逻辑思考课程，是建立在批判性思维体系之上的。我们必须学会将这种批判性逻辑思维巧妙地运用在实际商业问题的解答中，这样不仅会帮助我们获得一些常规答案，还能帮助我们得到具有突破意义的结论，从而做出正确的决策。对于思维能力不强的人来说，也急需恶补批判性思维的九个步骤，这可以帮助他们形成清晰、完整的思维体系。

沃顿商学院思维课笔记：

批判性思维要求我们拥有发现、回答及解决问题的能力。而批判性思维的九个步骤，构建出了一个完整的思维框架，有利于加深我们的认识和理解。

当直觉成为批判性思维的敌人

对于某种观点，你是会质疑还是会接受呢？对于大多数人普遍相信的事实，你是会毫无理由地相信，还是会习惯性地质疑呢？

你的信念是否坚如磐石？

追求真理与主动质疑并不相悖。若不想被你自己的信念以及你所接收到的普遍观点所迷惑，你得掌握一整套清晰、完整的批判性思维模式。

在沃顿商学院逻辑思维课中，批判性思维是其中极为重要的一环。而沃顿商学院的毕业生，分布于苹果、谷歌、微软、Facebook 等几百家大公司，他们无一不热爱自己的工作，无一不在自己的工作岗位上做出了极其突出的贡献。能做到这一点，正是因为沃顿人极好地掌握了批判性思维的精髓。

可以说，批判性思维是一个人形成完整逻辑思维体系的根本，也是一个企业成功的根本。而在科技高度发展的今天，拥有批判性思维的人才依旧十分匮乏，这是因为大多数人无法攻破批判性思维最大的敌人——直觉。

逻辑思考的目的之一是依照逻辑来做决定。然而，很多人在做决定的时候会不自觉地抛弃逻辑，转而运用直觉来支配行为。

都说女人的第六感觉很准，那种未卜先知的敏感度让男人都甘拜下风。在影视作品中，我们经常会看到这样的情景，尽管关键性证据都缺失，侦探们却会依据直觉来判案，还总是一判一个准。

那么，在现实生活中，直觉真的有着决定性的作用吗？答案是否定的。在逻辑思维中，过于依赖直觉去判断，去做决定，极有可能导致重大的失误。

诚然，直觉是人们探测未知领域的一种工具，某些时候它也会发挥出重大的影响力。但是它毕竟只是一种探测可能性的工具，它会告诉你种种潜在的可能性，只是这些直觉所告诉你的一切只能作为参考，不能作为主要依据。

过于相信直觉，你难免会深受其害。沃顿商学院逻辑思维课强调的是，直觉是批判性思维最大的敌人，如果突破不了人类对于内心直觉下意识的相信、依赖，便会坠入错误的深渊。很多时候，直觉不仅不能够代替逻辑思考，反而会成为拖后腿的存在。

对于沃顿商业精英而言，他们最擅长的莫过于帮助各大企业解决、处理各类商业问题。在长期的学习、实践中，每一位身经百战的商业精英都积累了极为丰富的经验，这使得他们完全拥有依据直觉来进行判断的资本。然而，在面对每一个具体商业问题的时候，沃顿商业精英们却从不会依据直觉去分析问题、解决问题，更不会由着直觉去引导自己轻易做出一个决定。

在一家企业的诚心聘请下，某沃顿商学院团队曾为其做薪酬方案重组，这家企业发展势头虽然迅猛，根基却并不稳固，正处于上升期的阶段。为了稳固管理团队，企业急需更为合理的薪酬制度。沃顿商学院的这个团队曾经处理过很多类似的问题，各项策划、流程都分外熟悉。若按直觉行事，此团队一定会先提交一份带有风险收益的薪酬制度，将企业管理层的薪酬与企业未来业绩紧密联系起来，将薪酬、奖金、股票三者相结合，让薪酬数额与工作年限挂钩，最终得出一份符合实际的薪酬制度。

可是，沃顿商学院团队却毅然抛弃了这种直觉，他们将过往经验摆在一旁，并没有着急做出结论，反而展开了对企业内部事无巨细的调查工作。他们不断地和企业管理层进行访谈，终于在调查中得知一个重要的事实，那就是管理层中的某些人对于企业的未来上市之路抱有诸多怀疑，在这个基础上，如果此团队真的依据直觉去做出上述那种薪酬改革方案，便会给管理层的稳定埋下一个巨大的炸弹。

万幸的是，他们依据调查所得的情况制定出的薪酬改革方案堪称完美，成功去除了这个隐患。

4.2 直觉的问题

一些人依赖直觉，是因为直觉会给我们的思考带来便利。但是若一味依据直觉的指引，而罔顾现实，结果则不堪设想。一些人如此相信直觉，是因为直觉往往建立在过往丰富经验的基础上，当直觉变成经验的产物的时候，便会轻易将人引诱入直觉的大坑中。

举个例子来说，杀人凶手在被逮捕之后，新闻媒体在报道的时候总会引用一位邻居的说辞：“怎么可能是他？他看起来那么善良，他在大家的印象中一直是个好人！”

人们往往依据经验、依据表面特质所带来的直觉去判断这个人是否危险，比如说他的相貌特征，比如说他的家庭背景，比如说他的社会地位。人们总是将那些穿着干净、举止和善的父亲看作是好人，或者将学生、上班族看成是“没有危险的”。实际上，这种依据直觉所带来的判断往往会引起我们思维的偏差，将我们带入泥沟中。

直觉所能够带来的偏差和谬误一般分两种。

第一种是经验和现实不相符。经验虽然很重要，毕竟只存在于过去，而现实却在不断变化。假设现实恒定不变，过往的经验才会对现实产生绝对的指导意义。一旦现实发生变化，经验便失去了决定性的地位。想要这种经验、直觉起效，不妨将对现实进行细致的调研。

第二种是知识认知错误。有时候，我们脑海中深信不疑的正确的知识，反而会误导我们的选择，因为它未必正确。若是依据直觉，盲目地去相信这些实则错误的知识，便会让人钻入牛角尖中。

如果我问你，非洲的最南端在哪里？很多人会回答说，好望角。的确，在中学课本里，好望角被提得最多，它几乎成了非洲的代名词。但好望角真的是非洲的最南端吗？当然不是，厄加斯勒角才是这个问题的正确答案。人们将深刻在脑海中的名词当成了问题的答案，这便是直觉的谬误。

普林斯顿大学教授丹尼尔·卡尼曼于2002年获得诺贝尔经济学奖，他对“直觉”这个概念有着深入的研究。丹尼尔·卡尼曼教授多年来对人们反复强调：千万别让直觉来影响正常的思考。他认为，在进行人和事的判断的时候，想要直觉起作用，事先必须搜集到很多必要信息。只有这个前提成立，人们才不会因为一些毫无理由的直觉去做出主观判断。当然，搜集到的信息的正确性，必须得到保证。

在丹尼尔·卡尼曼教授的认知里，直觉有利有弊，利用好了，它会成为对我们有着强烈借鉴意义的思考工具，反之，它会成为批判性思维最大、最恐怖的敌人。沃顿商学院的商业精英们提醒我们，在做商业分析和判断的时候，谨记，要努力成为批判性思维的主人，而不要成为直觉的奴隶。

沃顿商学院思维课笔记：

一旦直觉成为批判性思维的敌人，就会将人引入牛角尖之中。避免直觉带来的偏差和谬误，是逻辑思考的重要一课。

当强迫症让你陷入严重的思维困境

患有强迫症的人的一天是怎样的?

你会不会每隔一段时间，脑海里盘旋同一件事情，完全停不下来?你是不是一定要将所有的东西按顺序排列好，否则一整天都会坐立难安?你是不是会反复地洗手，却还是觉得自己没有洗干净?你每次出门之前是不是都会习惯性地检查自己是否已经锁好了门，并一次又一次地重复这个行为?

有人说，强迫症是现代人的精神危机之一。确实，强迫症是一种极其严重的思维惯性，它迫使我们在思考的过程中必须沿着一条完整的逻辑线展开，中途不能有思考的变化。强迫症会使我们的思维变得僵化，使我们陷入思维困境之中。

沃顿商学院的逻辑思考课程告诉我们，想要完善自身的批判性思维，首先得充分认清并努力绕开强迫症的危害，避免自己的思维陷入程式化之中。思维一旦受到强迫症的侵蚀，必然会引领人们走上一条错误的道路，并最终使得人们陷入焦虑之中，连带着工作和生活都会受到影响。

在经典美剧《生活大爆炸》中，谢耳朵这个角色颇受人们喜爱，荧幕上的他，是一个十分严重的强迫症患者。谢耳朵会给自己所有的物品分门别类整理好，一一贴上标签编号。他会按照季节、颜色来分类衣物，穿在身上的T恤不能有一丝褶皱。他会为自己的每一天都安排一个固定的、事无巨细的时间表，并坚决执行、捍卫这份时间表，以保证自己的生活规律不被打乱。如果哪一件事情超出了他的预期，干扰了他的节奏，他简直会抓狂起来。

谢耳朵不仅是位强迫症患者，还是个典型的完美主义者。有关资料告诉我们，患有强迫症的人普遍都是完美主义者，不管对自己还是对身边的人，都有着颇高的要求。这种过分追求完美、不容有一丝瑕疵的心态正是强迫症“病态”的表现。

强迫症的具体病因目前尚无定论，它与我们的生活环境、心理状况以及遗传等因素息息相关。

弗莱明是一位资深HR，同时也是一个强迫症患者。他在工作过程中，往往会用同一种惯性思维来处理所遇到的一切问题。而这种由强迫症带来的根深蒂固的惯性思维有时候难免会将他拖入思维的泥沼中，促使他做下一个错误的判断。

比如说，弗莱明曾遇到某个销售部门的销售专员向他申请调往后勤部门工作，弗莱明并没有考虑到眼前的这位申请人是否适合他所申请的岗位，却将目光放在了他申请调岗的原因上。经过多方猜测、调查，弗莱明依旧无法打消内心的疑虑，这位销售专员终于在这磨人的过程中失去了工作的热情，最后干脆直接辞职。

弗莱明无疑是懊悔的，但他依旧改变不了这一惯性思维。员工无论是调岗、请假还是外派，他总会先以“动机”来判断对方的行为，他总会胡乱揣测对方的动机不纯。这种动机论总是会干扰弗莱明做出符合常情的判断，影响他做出错误的选择。

强迫症所带来的思维缺陷会导致以下两种临床表现：

一、强迫思维，包括怀疑强迫、洁癖强迫、杀害性强迫、规律强迫等。

有的人前脚刚刚出门，下一秒钟却开始怀疑自己是否锁好门、关好窗，房间里的插头是否拔下，水龙头是否关好，即使他出门前早已检查了一百遍，这种现象就是典型的怀疑强迫。还有的人总是觉得自己手上不干净，有细菌，恨不得一分钟洗一次手，并拿医用酒精仔仔细细消毒，这便是典型的洁癖强迫。有的人站在高楼上的时候，内心会产生一种可怕的冲动，要不自己跳下去，要不将身边的人一脚踹下去，这种冲动正是骨子里的杀害性强迫的病症。还有的人患有规律强迫，走路的时候有设定好的行为路线，摆放东西的时候有自己的规律，一旦被迫违背这个规律，就会寝食难安，纠结异常。

二、强迫行为。强迫行为与强迫思维之间有着剪不断理还乱的关系。但是强迫症患者的强迫行为总是出于减轻或摆脱某种思维焦虑、恐慌，而并不是为了满足自身的快感。心理学家弗雷德里克·斯金纳的操作性条件反射理论可以帮助我们理解这种复杂的心理表现。

当无意间的行为使得内心感到愉悦的时候，我们就会不自觉地去重复之前的行为，这是操作性条件反射的原理。强迫症患者的内心都有一种极其严重的焦虑感，压迫得他们喘不过气来，一旦突然做了某个动作，让他们发现内心的焦虑、痛苦有所减轻，他们便成百上千次地重复起那个动作来，这便形成了强迫行为，比如说怀疑强迫和洁癖强迫的成因，与操作性条件反射理论的原理息息相关。当然，并不是任何强迫思维都会形成强迫行为，比如说拥有杀害性强迫思维的人，一般只是想想，并不敢付诸现实。

想要治疗强迫症，不妨试试“森田疗法”。此疗法的基本治疗原则是顺其自然。它要求我们认真地去体会纠结、焦虑、烦恼这种种情感，并顺其自然地去接受、去认可这种状态，而不要一味排斥它，千方百计地将它驱逐出内心。如果你排斥、厌恶，就会陷入思维矛盾之中，直至最终形成强迫症，并严重地干扰自己的正常生活。承认自己的强迫症状，顺其自然地带着它生活，也许你的焦虑情绪会有所缓解。

现代人或多或少都会出现一些强迫症的症状，只不过它们还没对我们的生活和工作产生困扰罢了。或许我们不用过分在意那些微小的症状，当情绪焦急、内心产生某种“危险”的想法的时候，缓一缓，要不干脆睡一觉，当我们醒来的时候，相信这些想法就销声匿迹了。

在职场中，在诡谲莫测的商场中，沃顿商学院的商业精英们各个都背负着巨大的精神压力，他们中的大部分人在生活或者工作习惯上，可能都有一些强迫症的症状，但是他们决不任由这些小症状发展成严重的惯性思维。他们懂得怎样去调节情绪，平稳心态，越是在危急的时刻越是会保持冷静的头脑和积极乐观的心态，去判断，去做决策。

如果你身上也存在着某些强迫症状，不要让它自由发展成思维惯性，这会让你陷入强迫症的怪圈之中，一生都受它牵制。平稳心态，顺其自然地接受它，与它和平共处，有助于我们释放精神压力，减轻焦虑强迫的症状。同时，更要注重加强自我心理素质的培养以及各种批判性思维的锻炼，努力形成一套完整、清晰的逻辑思维，成为一个强大的人。

沃顿商学院思维课笔记：

强迫症是现代人的精神危机之一。尽量避免思维惯性的钳制，尝试着将强迫症的危害降到最低。

拨开相关性和因果性的迷雾

来自沃顿商学院的修斯曾为一家保险公司进行了一次业务咨询服务。在咨询过程中，这家保险公司的负责人阐述道，公司目前存在着一个无法忽视的问题，让他犹豫不决。他说，根据权威数据，中学生群体非常容易发生意外，但是目前保险公司向中学生群体提供意外伤害保险的保费极其低廉，当意外发生的时候，公司总是需要赔付大笔保险金。公司高层中的大部分人都认为，这种面向中学生的意外保险大大降低了公司的盈利能力，因此建议公司将这块业务全部砍掉，但是另一部分人对此决议存疑。

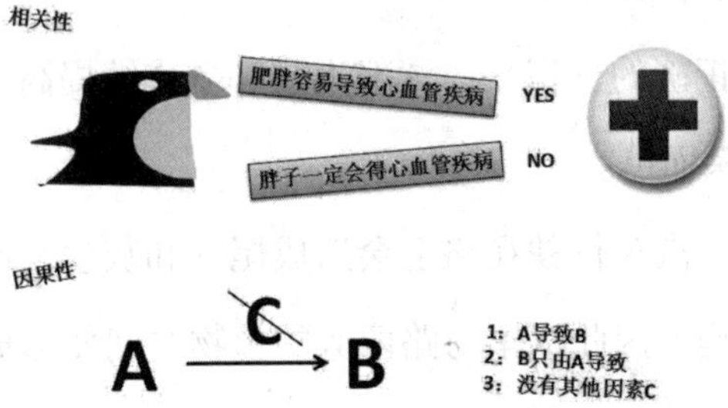

4.3 相关性与因果性

看着负责人犹豫不决的样子，修斯微笑着问道："当然，低廉保费与保险激活率高之间的不合理比例，对一个险种的盈利率会产生影响，同时，各险种的盈利率与企业整体的盈利能力息息相关，但是，这种相关联系是否一定能够被定义成因果关系呢？”

在学校进行的企业咨询实战中，沃顿商学院派出的新生团队经常会遇到这样的客户，他们总会将相关性与因果性这两个概念相混淆。要知道，在商场中，如果混淆了这两个概念，完全会导致最后决策与正确决策背道而驰的后果。想要打破思维定式，必须将相关性与因果性分得清清楚楚，这样才不会产生逻辑谬误。

乱用因果关系的案例在现实生活中有很多。比如说刊登在某本杂志上的文章《左撇子更能赚钱》中，作者说，左撇子拥有比习惯用右手的人更为突出的赚钱能力，因为根据科学家的调查研究，左撇子赚的钱平均值相对于习惯用右手的人来说，要高10%左右。最后作者总结说，左撇子是很多人赚钱能力更为突出的原因，这个结论明显混淆了两个因素之间的相关性和因果性。

所谓的因果性，是指某个因素的存在一定会成为某个特定结果产生的原因。而所谓的相关性，指的是统计学上的一个概念，或许某个因素的变化会导致另外一个因素产生变化，但前者的变化是不是后者变化的原因，是不能够被确定的。

老师们经常叮嘱我们，一定要努力学习，这样才能提高成绩。实际上，这样的叮嘱中包含了一种司空见惯的逻辑谬误。依着老师的口气，好像“努力”与“成绩提高”这两件事情一定有着因果关系，可是照这样说，下面几种说法应该都成立：只要努力，成绩一定会提高；如果不努力，成绩一定会下降；如果一个人成绩没有提高，那么他一定没有努力学习。

显然，这几种说法都不能成立。正确的认识是，“努力”和“成绩提高”之间并没有因果关系，而只是相关关系而已。

从理论上来说，相关性是普遍的。汽车行驶在路上会造成尾气和灰尘，尾气和灰尘会对路旁植物的生长造成影响，因此汽车与路两旁的植物之间便形成了相关性。从逻辑学的角度来说，相关性分为偶然关联和固定关联两个概念。偶然关联由随机事件引起，发生概率并不大。固定关联指的是关系确定，通过统计计算，两者之间的联系达到95%以上。

人们总会将固定关联与因果关系混淆，它是相关性里最容易“迷惑人心”的概念。因此，我们可以针对固定关联这个概念好好剖析剖析。

若从差异上来区分，固定关联又可以分成虚假关联、伴随关联、因果关联这三种。

一、虚假关联。当人们对信息掌握不全面的时候，会错误地认为两件事情之间存在着关联性。而这种关联性的正确与否，其实是不明确的。

美国医生齐格勒于1975年组建了一支医疗小组，针对110万妇女的病例进行了检查和分析。依据分析结果，医疗小组认定，妇女服用雌激素和子宫内膜癌的发生息息相关，甚至是互为因果的关系。然而，十年之后，医学界却广泛质疑起了这个结论，大家都说，齐格勒医疗小组并没有直接证据证明服用雌激素一定会导致子宫内膜癌，只不过妇女在服用雌激素的过程中出现了子宫内膜增生、子宫出血等症状，这促使了妇女们的求医行为，而在求医之时，很多人被检查出患有子宫内膜癌。

齐格勒小组当年之所以会产生那种错误，是因为对手头上的某些具体信息没有展开深入调查。当人们去医院看病的时候，家人会将病人身上的某些不良习惯添油加醋地描述给医生听，仿佛那些不良习惯是造成病人生病的原因。这些都可能导致思维上的虚假关联。

二、伴随关联。某些事情具有相同的原因或者结果，因为这些共同的原因或结果，这些事情之间建立起了某种非因果关系的联系。想要分辨两件事物间的伴随关系，不妨试着寻找二者之间关联性的共同点，如果这种共同点并非按照前后顺序排列，而是处于一种并列关系的话，就可以剔除掉关于它们之间因果性关系的猜测。

比如说，到了夏天，我们就会发现，太阳墨镜的销售量与雪糕的销售量存在着正比的关系，但这并不是说因为太阳墨镜卖得多了，雪糕的销量就会跟着涨上去，两者之间只存在相关性，并不存在因果性。因为太阳墨镜和雪糕的销量同时受着日光辐射强度的影响，它们与日光辐射强度才存在因果关系。

沃顿团队的商业精英们在长期的咨询服务中发现，对于一些处于稳定期的企业来说，员工的凝聚力反而不如过往。当然，如果企业实行裁员的政策，也会导致员工凝聚力下降的问题。因着相同的结果，企业裁员与企业进入稳定期产生了某种关联性。如果你偏偏将这种关联性认定为因果关系，认为企业一进入稳定期就会裁员，显然是荒谬的。

得克萨斯州有一家农具农药专营公司，为得州多家农场提供灭虫药，叫作兰尼公司。在经营的过程中，兰尼公司发现，农场一旦使用了某种除草剂，在播种三年玉米后，往往需要播种一年牧草进行休耕，但若是使用其他品种的除草剂，就不会发生这样的问题。兰尼公司同时发现，农场一旦使用了这种特定的除草剂，到了丰收季节，玉米的产量要比使用其他除草剂的农场高得多。从这里，似乎可以看出，这块农场里玉米产量的提高与三年一休耕之间产生了伴随关联的关系，但是二者之间并无因果关系。

三、因果关联。事物的相关性中，唯一能够推导出因果类别的便是因果关联。可以说，只要问题存在，就一定能够找出前因后果。如果你能够找到结果的关联者，按理来说便能够推导出原因；反之，如果你能够找出原因的关联者，便能够相应地推导出结果。

如果企业裁员导致了凝聚力下降，那么裁员这个行为和凝聚力下降的表现就互为因果。想要解决凝聚力下降这个果，就得从裁员这个因上来做文章。当然，因果关联的两件事物之间，经常会存在着很多曲折、弯绕的环节。因为这些障碍，很多人无法一眼看出事物之间的因果关联。

在沃顿商学院的逻辑课程中，认清事物之间的相关性和因果性是其中十分重要的一课，只有让自己的逻辑清晰、顺畅起来，分析哪些事情互相关联，哪些事情互为因果，才能彻底地看清问题最本质的核心，才能彻底地解决问题。

沃顿商学院思维课笔记：

人们总将事物的相关性和因果性混为一谈，拨开笼罩在相关性和因果性之上的迷雾，才会发现，两者是完全不同的概念。

靠着换位思考，大黄蜂飞了起来

“股神”巴菲特曾就读于沃顿商学院，沃顿商学院十分注重对学生逻辑思维能力的培养，尤其是换位思考的能力，可以说这种教育方式让巴菲特获益匪浅，并深深地影响了他人生中几乎每一次的事业抉择。

投资经理人詹姆斯·奥洛克林曾著写《沃伦·巴菲特传》一书，用精练老到的文字将“巴菲特模式”的本质和核心淋漓尽致地剖析在人们面前。按照奥洛克林的说法，令无数商业人士趋之若鹜的“巴菲特模式”其实是一种逆向思考和换位思考的过程，而这正是巴菲特创造无数商业奇迹的原因之一。

根据物理法则，大黄蜂因为翅膀面积太小扇动速度过快，根本无法产生足够大的推力去支持大黄蜂飞翔的升力，而大黄蜂最后却还是轻易地飞起来了。

巴菲特旗下的伯克希尔公司也是如此，依据过往经验，保险业拥有的只是理论上的吸引力，高度多元化的公司通常效率低下，运用并购的方式将一堆差异极大的公司拼凑在一起是很不理智的行为，而将公司的全部现金都用来投资简直可以说是自杀之举。同样危险的是，伯克希尔公司的各大经理居然是各自为战，在公司回报率高涨之时，持有现金和其他低回报率资产相当于一种固定载荷，这种种现象都会让伯克希尔输得一败涂地。但现实正相反，巴菲特引领下的伯克希尔不仅像大黄蜂一样飞了起来，还飞得自由自在，极为畅快。

巴菲特一直很重视换位思考，这甚至可以说是伯克希尔逆袭的原因。他无数次地站在客户的角度上，思考着下一步该怎么走；他无数次站在商业对手的角度上，思考着怎样趋利避害。当他站在员工角度上的时候，他发现，只有大胆放手，才能真正实现管理上的控制，所以他会让公司里所有的经理人像决策者一样行事。这种换位思考为伯克希尔营造了一股松弛又紧张的氛围，使得巴菲特手底下的每一个人才都能够自如成长。

人总是以自我感受作为思考的出发点，但这种以自我为中心的思考方式只能够得出一些片面的、粗浅的认识和结论。批判性思维极力倡导人们去积极地进行换位思考，只要走出主观视角，进入到客观视角中去，便能够将事物全貌尽收眼底。

著名心理学家艾宾浩斯说，换位思考可以说是人与人之间的一种心理相互体验的过程，人与人之间想要达成理解，就少不了这种将心比心的心理转换过程。客观上来说，换位思考要求人们能够站在对方的立场上去思考、去切身体验，从而为双方的交流沟通打下坚实的基础。从沃伦·巴菲特到唐纳德·特朗普，接触过沃顿商学院这种换位思考特殊教育的人，总能够用杰出的情商、能力去创下辉煌的事业，去达成密不透风的人脉网，走出属于自己的一片天空，甚至在历史中都能占有一席之地。

日本“企业之神”松下幸之助个性果敢、作风节俭，极受日本民众爱戴。他深谙换位思考的管理之道，是日本商业界学习的典范。十九世纪四五十年代，日本正处于战中和战后时期，经济萧条，

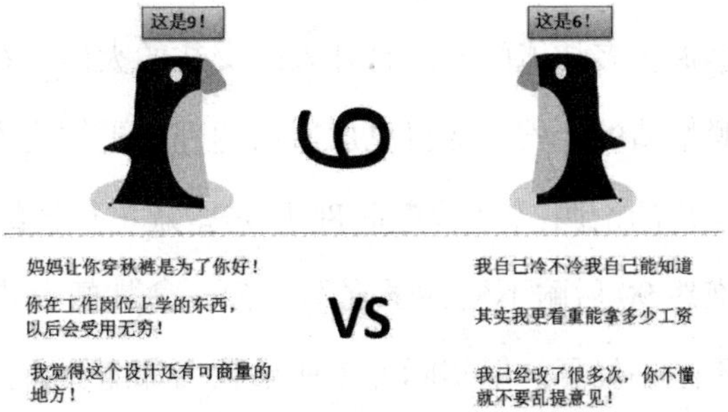

4.4 换位思考

百业待兴，日本民众生活困顿。各大企业为了缩小开支，纷纷裁员，以求生存。松下幸之助却反其道而行之，不仅不采取裁员政策，而且还增加了员工的福利，破例为员工们免费提供中餐和晚餐。他总是站在员工的角度上思考问题，越发感受到普通员工的生活有多么艰辛不易，这才雪中送炭，宁愿自己咬牙坚持也要保障员工的权益。

没过多久，食堂的管理人员却向松下幸之助告状说食堂近期浪费严重，明明只有几百个人，一顿饭却能吃掉上千人的粮食，可见这些员工不识好歹。松下幸之助心里觉得疑惑，却没有当场发作。明面上，他将此事按了下去，却在暗地里调查起来。他亲自召集了几个员工，进行了好几番谈话才得知，原来很多员工家中只有这么一个经济来源，每月的那点工资根本不够贴补家庭开支，眼瞧着一大家子人嗷嗷待哺，连口饱饭都吃不上，员工们便铤而走险，打起了公司免费午餐的主意。很多员工在吃饭的时候都会偷偷多盛一点饭食，然后带回家给家人食用。

了解到真相后，松下幸之助非但没有责备他们，反而调整了公司的管理制度：但凡公司的员工，如果家里确实困难，不用再偷拿食物回家，只要他们愿意，可以将自己的家人接来公司，享用免费午餐。这个决策让员工们激动极了，每个员工都斗志昂扬，为着公司的未来、自己的未来铆足了劲。就这样，公司的凝聚力得到了空前的提高。

在商业活动中，换位思考能够帮助我们迅速找到问题的源头，并以最完美的方案去解决问题。在职场中，换位思考能够帮助我们迅速适应多种角色，在掌握更多技能的同时打开人际交往的大门。在生活中，换位思考也会让我们摆脱情绪的桎梏，变得更加通情达理，更加受人欢迎。比如说，我们总是会听到这样的论调：70 后指责 80 后是蜜罐里长大的一代，自私自负不懂承担；80 后抱怨 90 后耐不住性子吃不了苦，拿跳槽当儿戏……照这样看来，似乎是一代不如一代了。但实际上，如果我们都能够换位思考，就会多很多包容与理解，少很多指责与抱怨。

所谓“当局者迷，旁观者清”，换位思考会帮助人们对自我进行反思和检省。如果我们看待任何问题都坚持以自我感觉为主，站在自己的角度上分析问题，而不去试着转换角度，试着批判性地改变自己的立场，我们的认知将越来越肤浅，流于表面，我们的逻辑思维能力也会越来越糟糕。

沃顿商学院逻辑思维课教导我们，想要做到换位思考，可以参考以下几点：

首先，在换位之前，先转换思想。思想指挥行动，思想正确才能保证行动不会发生谬误。在进行换位思考之前，先弄清楚换位思考的目的是什么，最大的目的恐怕是达到共赢而不是全盘让出利益。如果本末倒置，便不是换位思考而是拱手相让。换位思考，是要去体察对方的优势和劣势，有什么为难之处，是要去理清楚对方处于一个什么样的战略地位和心理状态。换位思考，是让我们学会怎样才能攻破对方的心理防线，以达到互惠互利。

其次，将换位思考当成一种习惯。在逻辑思考的过程中，要时时不忘换位思考，直到养成一种习惯。想要摒弃以自我为中心的观念并不简单，养成这种时刻不忘换位思考的习惯也不简单。但只需在日常生活中时刻提醒自己，不管做什么事情多一点同理心，努力去体察别人的喜怒悲欢，久而久之就会形成这个习惯。

最后，换位思考要有度。换位思考的时候要保持冷静、中立，分析优劣，权衡利弊，并最终得出一个最合情理的结论，做出一个最符合实际的判断。太过主观和客观都是不对的。

换位思考是批判性思维中最重要的部分，也是一种极其重要的逻辑思维方式。认识到换位思考的重要性，对每个人都很重要，它不仅会帮助我们解决问题，还会使我们的人际关系更为顺畅。

沃顿商学院思维课笔记：

批判性思维极力倡导人们去积极地进行换位思考，只要走出主观视角，进入客观视角中去，便能够将事物全貌尽收眼底。

想要拿到沃顿的 offer？先学会独立思考

沃顿商学院的商业精英们告诫我们，每一个管理者都希望自己的下属能够做到独立思考，而不仅仅只是机械地去听从命令。如果员工都能够有意识地去锻炼自己独立思考的能力，既能够自由安排时间，又能够自发地去执行任务，并对个人身份有着强烈的认同感，那么他迟早会成为公司里最受器重的员工。

我们不能将思维局限在某一个特定的范围内，这并不符合批判性思维的精神。当你的思维拥有了突破性的力量，你会发现你看待问题的方式将不仅仅只局限于某一点、某一条线，你将推开一扇神奇的大门，而出现在你面前的将是一个思维的新世界。

首先，你需要确定的是：独立思考的能力难能可贵，只要通过行之有效的锻炼，我们便会一点点进步下去。

在批判性思维中，没有想当然。但是为了突破思维的局限，你不妨有一些出格的、不同寻常的、有悖常理的想法，这个想法是我们独立思考的结果，也会使我们反复地独立思考下去。

课堂上，老师向一群十多岁的学生提出一个问题：“上学途中小朋友们穿越街道的时候，如何去避免那些拥堵、交通事故等问题呢？”

老师话音刚落，便有学生回答说：“老师，我们可以增加交通灯的数目……”另一些学生回答说：“我们可以对汽车进行限速……”面对这些答案，老师静静听着，笑而不语。这时候一个戴眼镜的小男生举起了手，掷地有声地答道：“现在互联网这么发达，我们为什么一定要去学校上学呢？不如把学校卖掉，建立一个互联网校园，这样在家里就可以学习了！”

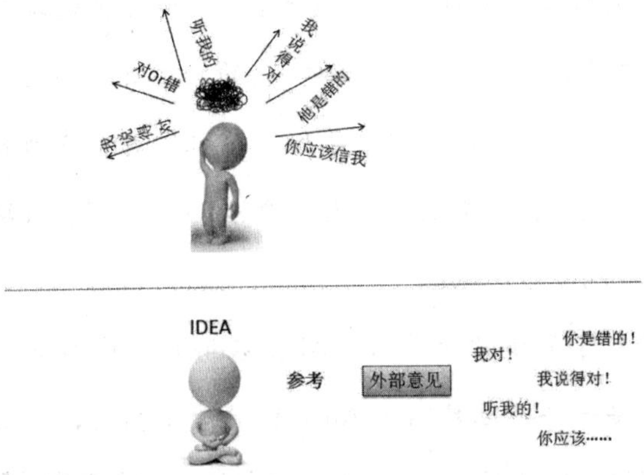

4.5 独立思考

小男生的答案引来大伙的嘲讽，大家纷纷笑他异想天开不切实际，老师却出人意料地表扬了小男孩，他说：“今天这堂课原本是想让大家发散思维，培养同学们独立思考的能力，面对刚刚那个问题，大家的答案都很出色，但是只有这建立互联网校园的答案让我最吃惊，也最满意。虽然暂时不能实现，但的确是一个极具借鉴意义的畅想……”

想要增强自我批判性思维的能力，一定要学会独立思考，要懂得跳出常规来看待问题，哪怕做一些与众不同的畅想。独立自主的思维模式有助于智慧的开发，这不仅会促进个人的进步，更会促进团体和社会的进步。

沃顿商学院最看重这种独立思考的能力。可以说，就读美国沃顿商学院是很多人的梦想，对任何一个人来说，想要拿到这个世界一流商学院的 offer，都不是一件容易的事情。在沃顿商学院的选人标准中，有一个极为重要的条件，那就是申请者必须拥有独立思考的能力和批判性思维。来自中国并最终拿到商学院 offer 的 Alice Ren，对这一点深有体会。

Alice Ren 在选择留学目标的时候，将驰名世界的沃顿商学院定为首要选择对象。她说，沃顿商学院对于 GMAT、TOFEL 等成绩的要求并不太高，因为他们需要的并不是一个所谓的“考试机器”，这些成绩再好也不会为你赢得商学院的格外青睐。他们更看重的是个人所体现出来的全方位素质，是独立思考的能力，而这一点，在申请者的自荐信中会有集中的体现。所以 Alice Ren 极其重视自荐信的撰写。

“申请的时候，应该很清楚地知道，我为什么来读 MBA？为什么是现在读？为什么要读这个学校？我对自己是否有足够的了解？我的长远目标和近期目标是什么？” Alice Ren 强调说，只有在自荐信中体现出对自我有着清晰的定位，对自己的人生有着明确的规划，知道自己的目标在哪里，才有可能打动招生老师，而这无一不是独立思考能力的体现。

通过自荐信这一环节后，就到了面试的重头戏。Alice Ren 说，面试官显得很松弛，仿佛这个环节很不重要一样。他只问了 Alice Ren 一个问题，就这个问题聊了 10 分钟。剩余的时间里，他开始向 Alice Ren 说起沃顿的教学特色，在沃顿可以学到什么，可以让她获得怎样的成长。Alice Ren 的表现也很出色，她有条不紊地阐述着自己的观点，而她在交谈过程中流露出来的独立思考的能力明显让面试官很满意。这这样，Alice Ren 顺利拿到了这份珍贵的 offer。

批判性思维要求我们一定要理清思绪，让思维独立起来。只有打破了思维的局限，学会创造性、批判性地思考问题，才能避免被恶意洗脑，避免成为一个老实听从、老实服从，却从不思考的木头人。从 20 世纪 80 年代开始，耐克取代阿迪达斯坐上了“世界第一运动品牌”的宝座。这么一家刚刚成立十几年的小公司居然能够达到如此成就，与公司领导奈特的突破性思维分不开。

1978 年，奈特大笔一挥，决定将公司的资源集中起来去开发高性能运动鞋市场。这种高性能运动鞋设计独特，材料精良，耐磨又舒适，潜在的消费对象明显是拥有一定经济地位的人。与此同时，耐克公司对棒球鞋、网球鞋及其他运动鞋市场也开始重视起来。除了产品设计和开发，奈特还十分看重销售环节。耐克公司经常向一流的大学球队、跑步练习班和女子网球团体等赠送免费的球鞋，大大提高了公司的知名度。到了 1988 年，耐克公司支付的广告费高达 1800 万元，这个在当时看来高不可攀的数字让人们咋舌不已。奈特从不追随行内大拿的脚步，积极开发自己的突破性思维，坚持将这一个个惊人之举贯彻落地，最终将阿迪达斯赶下了第一的宝座，创出了一段辉煌之旅。

沃顿商学院的商业精英们告诉我们，想要锻炼自我独立思考的能力，一定要切记以下五点。

一、认清惯性思维的危害，切断惯性思维的源泉。如今的人沉迷于碎片化阅读之中，殊不知这会对自己的思维能力造成局限。不妨试着去减少对于某些社交软件的使用，降低对某些媒体的投入，再用一颗冷静、清晰的头脑去好好感受这个世界，理清问题的脉络。

二、投身到与当前愿景相矛盾的体验之中去。不要总想着用新的想法去代替旧的，不妨试着去主动创造一些新的经历、体验，让以往的观念受到冲击，洗刷，剥落掉陈腐虚假的部分，露出鲜活真实的部分。

三、试着去置身事外，成为一个旁观者。有道是“不识庐山真面目，只缘身在此山中”，很多时候，局限于惯性思维中是因为不够置身事外，不妨将眼光放长远一点，或者跳出思维的圈子，干脆将自己变成一个旁观者，学着站在另一个角度去看待问题。

四、让你的决策随机化起来。生活中拥有着太多的可能性，并不是非彼即此的。不妨让行动来干扰思维的惯性，大胆跳出以往的生活圈和舒适圈，靠着这样的方式来跳出思维的怪圈，这样才能让你的独立思维能力得到极大的锻炼。

五、对常规生活要习惯性地去怀疑。思维上适度的怀疑可以帮助我们及时警醒，当这种自问、怀疑变成某种习惯的时候，我们自然不会轻易犯人云亦云的毛病。当然，这种怀疑并不是目空一切、质疑一切，而是理性的、符合情理的怀疑。

沃顿商学院思维课笔记：

独立自主的思维模式有助于智慧的开发，独立思考能力强的人，一向懂得如何跳出常规思维来看待问题。

展开联想，让思维跳跃起来

被中国网民戏称为“特川普”的唐纳德·特朗普是美国声名显赫的房地产大亨，有着地产大王的美誉。2015年12月7日，特朗普入围美国知名新闻周刊《时代》2015年度人物。2016年9月22日，特朗普荣获全国50大最具影响力人物第二名，声名水涨船高，越发显赫起来。

2016年11月9日，美国大选的投票结果震惊了世人，唐纳德·特朗普顺利打败了希拉里，成为了这场激烈角逐最终的胜利者。2017年1月20日，特朗普宣誓就职。

论及特朗普的胜利，决定性因素很多，且撇开一边不谈，我们来谈谈特朗普超脱常人的、别具一格的逻辑思维能力。这位曾经的地产大亨、如今的美国总统曾是沃顿商学院的高才生，这段宝贵的求学经历显然对他的那种让人惊叹的跳跃性思维、丰富的联想能力产生了积极正面的影响。在沃顿商学院的逻辑思维课程中，不得不提的一个概念为“联想”。而特朗普的竞选演讲和就职演讲中，到处都是这种联想能力的体现。我们不妨截取一二，聊作分析。

在一份竞选演讲中，特朗普高谈阔论，说着说着，竟话锋一转联想到了中国："这20年来，中国农村的自杀率下降了90%，文盲率下降至10%不到，寿命提高10岁以上，私人轿车从无到全国性堵车，高铁占全球70%，很快50万人的城市都有高铁连接，高速公路从无到2000多个县都通，世界最长的桥、最高的桥、最难的桥中国人都不当回事造，中国北京、上海、深圳的房价快要赶上我们纽约，中国人不去哪个国家旅游，哪个国家就急，中国人不买，世界铁矿石、石油，它们的价格就暴跌，更可气的是基本没有恐怖活动胆敢在中国进行……美国已经成为生活在巨大美元泡沫上无可救药的国家了……投我一票吧，只有我可以拯救这个糟糕的美国了！"

在演说中插入这段关于中国的联想，无疑成功地煽动了听众的情绪，更激发了听众同仇敌忾的决心，不可谓不高明。从这点便可以看出特朗普不仅不符合人们口中的"小丑""滑稽"的想象，反而有着高超、缜密的逻辑思维能力。

在沃顿商学院强调的批判性思维中，联想可以算得上是一柄极为重要的"武器"，特朗普便将这柄武器玩得很溜，总能够在必要的时候震撼听众和对手的心灵。

联想指的是一种思想活动，由一件事情想起另一件事情的思维过程。在我们的脑海中，拥有着相似的外部特征、内核意义的事物之间会建立起一种联系，当我们想起一件事情的时候，靠着联想这种思维活动，我们便能轻易地想起另一件事情。

亚里士多德最早提出联想的概念，他曾断言，人类目前所有观念的产生必定会伴随着另一种与之相近或相反的，又或者是在过往经验中衍生出来的观念。到了17世纪，联想成了心理学中最为常见的术语之一。那时候，巴普洛夫曾用自己构建、创立的条件反射理论将联想的概念解释得极为透彻。比如说，当你看到梅子的时候，你的口中会不自觉地分泌唾液，这是因为在你脑海中产生了关于梅子酸味的联想。

心理学家荣格也曾做过词语联想测试，这几乎是心理学投射最早的测验方法。但需要弄清的是，联想与想象不同。我们通过一件事物联想而出的另外一件事物必然是真实存在的，而且两者之间有着一定的相似性。而想象所带来的是一件凭空虚构的，并不存在的事物。

联想这种思维活动有着一定的规律，一般分为四种：相似联想、接近联想、对比联想、因果联想。

相似联想指的是当我们看到或者想起一件事物的时候，我们脑子里会出现一些与它在外表特征或者使用功能等方面有着相似性的事物的回忆。小孩子看到蜘蛛，就会大喊蜘蛛侠；看到学生，想到教室；说起长江，必不忘提黄河；这些都是相似联想的体现。

4.6 联想

接近联想指的是两件事物之间会因为时间或者空间上的接近而产生某种联系，使我们提起其中的一件事情，必然要想起另一件事情。当我们提到伏地魔的时候，总会想起哈利·波特；当我们提到宝岛台湾的时候，总会想到凤梨酥和日月潭；文学作品中提到松柏，总会想到坚忍不拔的精神，这些指的都是接近联想。

对比联想。当我们先想起一件事物的时候，会想起某件与它相反的事物。在缺水的沙漠中想起水草丰润的绿洲，在冬季寒风如刀的时候想起夏季的炎炎烈日，在黄昏之时想起日出，这无一例外，都能够解释对比联想的含义。

因果联想。在现实生活中，因果联想也是很普遍的。当我们早上起床，一推开门，发现道路上一片泥泞，便会不由自主地联想到，昨晚一定下了一场大雨。侦探动漫中的柯南，之所以能够破解那么多案件，大部分时都利用了因果联想的思维方式。电视和网络中的那些广告，之所以能够达到深入人心的效果，与因果联想思维的运用分不开。

“士力架”的某款广告，虽然有些夸张，但是在潜移默化中告诉了我们那个风吹就倒的林黛玉之所以会变成驰骋球场的健壮男生，是因为吃了热量极高的士力架……

在沃顿商学院的逻辑思维课程中，联想是能够让思维跳跃起来的武器，是让我们的人生更加顺畅的助推力。

沃顿商学院思维课笔记：

联想能够让人的思维跳跃起来。联想的方式有多种——相似联想、接近联想、对比联想与因果联想，每一种的现实应用都需要深入的研究和思考。

用创造力
让思维发散出去

第五堂课

创新性思维，使得林肯变成了林肯

Adam Grant 连续四年获得了“沃顿最受欢迎的教师”殊荣，他是“全球 25 位最具影响力的管理思想家”，曾入围《商业周刊》评选出的“40 位 40 岁以下最优秀的商学院教授”，他还是沃顿商学院最年轻的终身教授。不止如此，Adam Grant 长期担任谷歌、强生集团、高盛集团、皮克斯动画以及联合国、美国海陆空三军的资深顾问、演讲嘉宾。他更是《纽约时报》极受读者欢迎的专栏撰稿人。他撰写的第一本书《沃顿商学院最受欢迎的成功课》获得了知名杂志《财富》及《华盛顿邮报》的高度评价，甚至被评为“必读商业经典”。

在《沃顿商学院最受欢迎的成功课》一书成为超级畅销书后，Adam Grant 的第二本书《离经叛道的创新者：不按常理出牌的人如何改变世界》又掀起了另一股热潮。在这本书中，Adam Grant 强调说，只有不按常理出牌的创新者才是创业公司需要的人才，才能够改变这个世界。

深谙沃顿教学理念的 Adam Grant 说，沃顿十分重视对于创新型人才的培养，也很擅长开发每一个学生深藏于大脑深处的创新性思维。在沃顿看来，创新性思维并非天生，而是后天一种有意识的选择。哪怕是林肯，也并非生来就是一个具有创新精神的人，但因着后天的选择，因着不断的锤炼，他最终成长为眼界宽阔、格局远大、敢于创新并淡然应对争议的美国国父。正如思想家杜波依斯的评论："他是你们中的一员，但他成为了亚伯拉罕·林肯。"

20世纪初，德国经济学家史蒂文森的论著《经济发展理论》第一次出现了"创新"一词。依照史蒂文森的理论，创新的最终目的是要获得潜在的利润，而想要做到创新，需要将生产要素和生产条件重组起来，再有机地引入生产体系之中。史蒂文森的理论起先在当年并没有掀起什么反响，反而在20年后，英文版的《经济发展理论》重新发行，才算是一石激起千层浪，霎时间声名远扬。

创新性思维通过将现有的知识进行详细分解、解读和重组，让已有的信息发挥出了新的功能，更使得人们耳熟能详的知识的分量和含金量大大增加，最终导致了信息量增值的结果。在创新性思维的过程中，少不了分析、推理、联想等一系列活动，想要激活自身的创新性思维，离不开长时间的思维训练、知识储备和素质积累。

创新性思维的运用需要耗费大量的脑力，对思维的主题要求较高。但总的来说，那些总是积极主动地思考，不盲目服从命令、具有强烈自我创新意识的人，会更容易掌握创新性思维的真谛。当然，无论是在哪一个领域，任何一项创新性思维成果的取得，都离不开长期的坚持不懈的钻研和探索。

在Adam Grant的《离经叛道的创新者：不按常理出牌的人如何改变世界》一书中，Grant强调说，只有那些离经叛道的创新者，才是创业公司最需要的人才。那么如何将这些不按常理出牌的创新者和惹麻烦的人区分开来呢？如何去鉴别这些创新者呢？为了解决以上两个问题，Grant搜集了很多真正的创新者的数据和故事案例，而这些信息中，经常会出现以下几类人：

一、极有主见的、从不盲目服从命令的人。Grant搜集了很多这类人的资料，发现那些起初不太配合的，不会痛快地去服从命令的人通常有着出人意料的想法，逻辑清晰，行动敏捷，最终这些人也被证明了是真正伟大的创新者。而那些以各种各样的借口拒不服从命令、思想粗浅、行动懒散的人，事实证明，他们才是带来麻烦的人。

二、无名英雄。在历史上，很多重大创新的背后，都有着一些起到关键性作用的人，但最后，他们都慢慢退居幕后成为了无名英雄。这些无名英雄往往眼光独到，胸怀宽广，做事灵活而又不拘小节，是真正具有先锋意识的创新先驱。

三、面向团队内部的创新者。很多具有创新精神的人总会在潜移默化中将自己的思想传递给团队中的每一个人，影响力深远。这样的人往往能够以一己之力带动起整个团队的改变，并激发起全员的创新性思维。这样的人才堪称不可多得。

创新性思维有着新颖性、灵活性、艺术性、未知性、风险性这几个特质，我们可以逐一来分析一下。

一、新颖性。创新性思维，重点在于创新二字。这意味着你思考的角度、你思维的过程、你表达的方式必定有着过人之处，具有强烈的开拓意义，而不仅仅是对于前人的模仿。我们周围司空见惯的事情太多，创新便意味着一个全新的、巧妙的审视角度，这样会帮助我们从那些普通平常的事情中得到新的发现和突破。

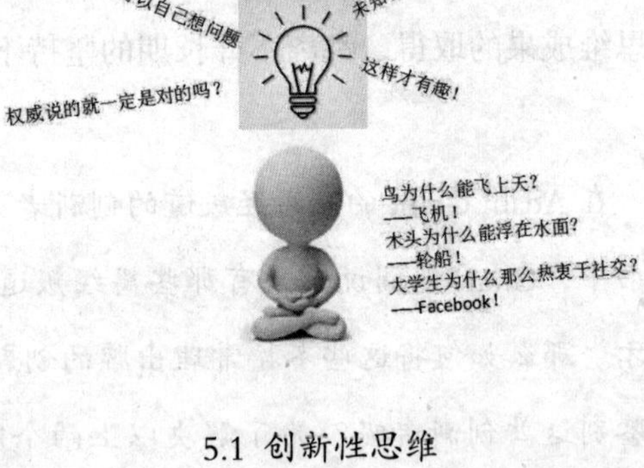

5.1 创新性思维

二、灵活性。创新性思维没有一个固定的思维模板可以供你去模仿。它甚至没有固定的体系和框架，只有灵活地转动脑筋，多方位地思考、联想，下苦功去钻研、探索，才可能灵光一现，得到某个极具创新意义的想法。

三、艺术性。创新性思维活动灵活多变，主体思维越是开放，便越是能够使得创新性思维得到最大限度的发挥。当然，创新性思维的产生过程离不开想象、灵感，这与艺术活动有着极其相似。沃顿商学院的商业精英们甚至总结说，创新性思维活动可以称得上是一门高超的艺术。

四、未知性。虽然创新性思维基本扎根于客观现实之上，但是其目标却指向未知的、潜在的、还未实现的对象。创新性思维活动的未知性在于，它的成果需要在生活中、在市场中经过慢慢检验，至于未来走向如何，是无法真实地预测的。

五、风险性。创新性思维活动的本质是以已知去探索未知，存在一定程度上的风险。尤其是在商业运作上，当创新性思维由一个想法、一个方案落实到具体的时候，谁也不敢保证预期中的成效一定会变成现实。有时候甚至可能因为判断失误而造成重大损失。

创新性思维意味着巨大的机会，同时也伴随着巨大的风险，它是成功的曙光，也可能变成失败的温床。但是无论如何，正如沃顿最受欢迎的教师 Adam Grant 所说，只有不按常理出牌的那些创新者，才有能力去改变世界。无论对于社会、企业还是个人来说，创新性思维都是无比珍贵、不可多得的。因着创新精神和勇气，林肯才脱离了普通人的身份，成就了自己。对于你我来说，努力去开发自身的创新精神，完善自我创新性思维，才能收获一个不一样的人生。

沃顿商学院思维课笔记：

创新性思维是无比珍贵、不可多得的。激活自身的创新性思维，离不开长时间的思维训练、知识储备和素质积累。

站在不同角度，问题也变得有趣起来

1881年，约瑟·沃顿在美国宾夕法尼亚州建立了世界上第一个管理型学院——沃顿商学院。当时，约瑟·沃顿心中一直存有这样一个信念，那就是只有全面的、富有生机的教育才能孕育出未来优秀而杰出的商业领导者。可以说，这个信念改变了20世纪的企业和公司领导的方式，而沃顿商学院也变成了世界上最具开拓精神、创新精神，最不乏国际化视角的商学院之一。

众多诺贝尔经济学奖获得者都毕业于沃顿商学院，除此之外，它还培育了很多坐拥亿万资产的巨富和无数跨界名人。

沃顿一直很擅长学生管理，对于沃顿来说，商学院里的每一个学生自入学开始就变成学校里不可分割的一部分，每一个学生都是一幅作品，它会不遗余力地去栽培他们、扶持他们，开阔他们的眼界，提高他们的素质，创新他们的思维。沃顿十分注重激发学生们的创新性思维，倡导他们看待问题的时候试着运用各种不同的角度，直到真正地解决问题。

凯鹏华盈创业投资基金的主管合伙人周炜毕业于中国科技大学电子技术专业，后取得美国沃顿商学院工商管理硕士学位。作为沃顿学子，周炜深受沃顿独特的教育氛围的影响。回国后，无论是就职、投资还是做企业，周炜都习惯性地运用严实、缜密的逻辑思维去分析市场，去做最后的决策。

周炜是中国最早布局互联网金融领域的那批人之一，在国内互联网兴起、遭遇寒冬、又复兴起的多个阶段里，周炜始终能够保持冷静的心态。不管前面的问题有多严峻，他都会试着从不同的角度去解析问题，从市场的角度，从员工的角度，从大公司高管或者创业公司 CEO 的角度，从客户的角度，在多番分析、比较中，找到一条捷径。

周炜说，2011 年之后，中国逐渐出现了很多自我创新的东西。在这片神奇的土地上，创新性思维趋势越演越烈，本土创新产品层出不穷，整个中国市场在短短的几年内便焕然一新，更上了一个台阶。在他看来，中国现阶段的创新在全国范围内都处于一个重要的位置。而这种创新性思维之所以流行了起来，是因为现在中国人看待问题的眼光变了，角度多了。

人的大脑中可利用的空间是有限的，如果其中装满了刻板的知识、固有的认知、印象、习惯和经验，便没有多余的空间去装填创新性思维。少了创新精神，一个人必然活得中规中矩，毫无趣味，也抵挡不住新时代的考验。只有打破思维定式，将原本程式化的、充满了腐朽气息的大脑勇敢地清干净，让创新性思维渐渐充盈整个大脑空间，你才会变得鲜活、独特起来。想要做到这一点，先试着去用不同的角度思考问题。

卡洛斯是墨西哥的电信大亨，他曾经打破比尔·盖茨的神话，连续三年“霸占”了福布斯全球富豪榜第一名的位置。卡洛斯之所以能够积累下如此庞大的财富，与他看待问题的方式分不开。不同于一般人的是，卡洛斯不管遇到任何难题，都会尝试着站在各种不同的角度上去解析问题，到了最后，他也总能够开辟出一条新的道路出来。

20世纪80年代初，一场经济风暴席卷了墨西哥，一时间国内货币大幅贬值，政府负债累累。墨西哥政府及时采取了将银行国有化的措施，国外的大小投资者尚且可以回撤资金，而国内的很多小企业却经受不住压力，到了破产关门的境地。小企业主为了缩减损失，竞相以低价抛售。局面一派凄凉，业界大亨们放慢了投资的脚步，秉持起观望的态度。

卡洛斯却反其道而行之，一边大张旗鼓地筹措资金，一边忙着收购那些濒临破产的小企业。他的做法引起了身边的人的强烈反对，大家都觉得卡洛斯此举不明智。殊不知，卡洛斯在这之前早已经将这件事情前前后后想得很清楚。在他看来，经济危机完全可以变成商机，那些小企业时运不济加上经营不善才落得竞相抛售的结局，若趁着经济危机的时候低价收购，将这些资源加以重组、培养，等到时机成熟，这些原本必输的棋却可以扭转颓势，变成必胜的棋。果然，因卡洛斯的独具慧眼，经济危机之后，他凭借着低价购得的那些资源大赚了一笔，创造了一个又一个商业奇迹。

在商场中，企业想要自如生存并发展壮大，就得随着时代的发展不断地改变老旧的商业模式和思考角度。决策者若能学会运用不同角度去看问题，必能想方设法地为企业注入一股股新鲜活力。当年，乔布斯正是因为厌倦了市面上那些功能简陋、操作复杂、外观老套又浮夸的普通手机，尝试着站在各种角度上去构想一款超级完美的手机，这才使得 iPhone 系列的雏形慢慢浮现。沃顿商学院的逻辑思维课程告诉我们，想要吃透市场，可以尝试着不停地转换角度，尝试着站在不同的商业模式上去畅想、去实行。作为员工也好，作为企业负责人也好，都要勇敢地打开思路。

在普通人的生活中，当困难来临的时候，你若尝试着运用不同的角度去看待问题，说不定会因此收获一份完全不同的人生。想要开启人生之门，不妨尝试着在现实生活中突破固有的思维方式，积极努力地去克服心理与思想障碍，将思路理清楚，再去灵活机智地处理那些看起来既复杂又重要的问题。毕竟看待问题的角度不一样，你获得的人生体验也不一样。当你一味只用同一个角度看待问题，连问题本身也会变得单调乏味起来。学会尝试不同的角度，问题会变得更加丰富多彩，更有趣、更具挑战性。当你最终解决它的时候，你会由衷觉得，这个过程实在是太美妙了。

沃顿商学院思维课笔记：

尝试着站在不同角度去看待问题，原本枯燥乏味、面临严峻危机的问题也会变得有趣起来。

谋杀创新性思维的元凶——思维定式

某位毕业于沃顿商学院的商业精英曾说，思维定式是谋杀创新性思维的元凶。而这个所谓的凶手——思维定式在人们的理解中，又被称为惯性思维，前文中介绍的强迫症，便是惯性思维的一种。思维定式通常是一种心理倾向，是一种由先前的活动造成的种种结果带来的一种心理暗示。

可以说，在现实环境和条件都不发生变化的情况下，思维定式会帮助人们迅速学到知识，迅速从过往的经验中找出一条驾轻就熟的道路。在这种层面上，固定化思维会帮助我们将有限的时间发挥出最大的效用。

但是，事实是，现实环境和条件不可能一成不变，它是流动的，它无时无刻不在改变。在这种情况下，思维定式便牢牢地绑住了人们的手脚，禁锢了人们的创新性思维，使得人们的时间和精力白白浪费。

沃顿商学院团队总是在强调，在企业和消费者之间进行的博弈战中，企业最重要的课题是，一定要让消费者感到物超所值。经理们在价值链的各个环节上都要仔细考虑，如何改善以往的做法，去为客户提供更加贴心、周到的服务，如何突破固有的策略，让客户拥有物超所值的心理体验。如何突破思维定式，做到更好，是沃顿商学院想要送给所有企业、商家和个人的建议。

与此相反，如果固守着某种经验至上论，突破不了思维定式，就会被淘汰。社会的发展堪称日新月异，对于企业来说，坚守老一套的经验模式，迟早要出问题。

5.2 翻过思维定式的墙

20 年前，盖瑞公司的领导将“做好广告便能经营好品牌”这句话当成了至理名言，过分重视广告领域，不惜将公司里大部分资金都砸到了电视广告上，这才造成了严重的经济困局。随着巨额广告费迟迟回不了笼，盖瑞公司最后只能无奈宣布破产。试想，如果盖瑞公司当时的领导突破了思维定式，大胆地进行了变革，结局也许不会这么惨烈。

今天，“三只松鼠”品牌之所以能够在激烈的互联网竞争中创下一波波奇迹，正在于它那一个个不按常理出牌、积极大胆的创新举动。“三只松鼠”在售卖优质坚果的同时，会向顾客们提供精致的卡通包裹箱和开箱器，开发出了钥匙链、湿巾、小玩具等精致小赠品，轻松虏获了大批顾客的心。谁说卖东西就一定只能单纯地卖？谁说促销方式一定得按照常规来？“三种松鼠”抓住了客户的心，注意到了同行忽略的细节，创造性地走出了一条属于自己的营销道路。

唐纳德·特朗普一向是不按常理出牌的人，他屡屡打破人们的思维定式，让人们大跌眼镜的同时，也成为了这个时代最具个性、最有影响力的知名人物。

2015 年 6 月 17 日，特朗普在纽约市第五大道特朗普大厦郑重宣布，他将参加 2016 年美国总统选举。2016 年 2 月 2 日，特朗普遇到了美国大选初选中的第一个对手科鲁兹，他失败了。直到这个时候，人们还没有将特朗普当一回事。毕竟，特朗普一直以来给人的形象实在是太像一位娱乐明星了，而不像一位总统。

特朗普出生在纽约市一个房地产富商家庭，成年后，他曾进入宾夕法尼亚大学沃顿商学院就读。沃顿独特的教育让特朗普对于商业领域的各类知识越发熟悉，生意眼光越发机敏，逻辑思维能力也越发突出。沃顿更培养了他别具一格的思维方式和行事准则，在离开学校，进入商界后，特朗普做事总是出人意料，而这些创新举动也为他取得了一个个辉煌的成就，更为他积累了大笔的财富。在他看来，一个人拥有着无限的可能性，一个模仿前人的、固定的思维方式虽然安全，但一定会阻碍个人的发展。

多年来，他不仅活跃于商界、房地产、投资界，还活跃于赌场、娱乐界、体育界。他热衷于上电视节目，常有惊人之语。在人们看来，特朗普只是一个戴着红领带的、留着滑稽发型的、热衷出名的花花公子而已。如今，这个花花公子不仅参加了美国大选，还打败了人们思维定式中的准总统希拉里，最终赢得了大选，可谓是一桩奇迹。

然而，特朗普种种出位的言论、举措也许正代表着某种创新精神。相对于美国民众来说，希拉里四平八稳，靠谱却没惊喜，而特朗普却凭着“别具一格”的形象、言行举止成功挑起了美国民众的想象力，也许，他的创新性思维真的能够带来一个不一样的美国、一个不一样的世界呢？

思维定式容易让人陷入一种懒惰的情绪中，面对任何难题，都只会被动处理，而不会主动挖掘、分析和思考问题。思维定式堪称创意的杀手，它让我们变得呆板，变得程式化，办事效率也不自觉地低了下来。沃顿商学院的教育理念是，一定要让每一名学生摒弃固有的观念和思维，让他们明白，椅子不但可以用来坐，还有其他各种用途，你不只可以成为一个这样的人，你的未来有着无限的可能性。

思维定式阻碍思维发散，突破了思维定式，却能够得到令人意想不到的成就。1913 年，美国史古脱纸品公司采购了一大批纸，原本另有他用，结果因为保管不善，这批纸张表面起了大片皱褶只能被废弃。这预示着公司将白白损失一大笔钱，还有时间、物力、人力等等。公司总裁亚瑟・史古脱并没有慌乱，他不停地在脑海中想着对策。按照以往的做法，这批纸张只能被以极其低廉的价格当作废品处理掉，史古脱却不甘心，他绞尽脑汁，想让这批纸发挥出更大的作用。

史古脱打破了思维定式，想了一个好主意。他命令工人用机器在每一张皱巴巴的纸卷上打上一排小孔，方便撕成小块纸巾，原来他要将这批纸卷改造成卫生纸巾。最后，史古脱给这批改造成功的卫生纸巾命名为“采尼”，售卖到车站、学校、餐馆等地方。这些地方人流量巨大，洗手间里正需要源源不断的纸巾。由于“采尼”卫生纸巾用起来很方便，受到了人们的啧啧称赞，很快便流行开来。史古脱纸品公司依靠着创新思维，开创了一个新的品牌，获利丰厚的同时，对后世的纸巾产业影响至深。

陷入思维定式的人，对脑海里的创意和想象潜力视而不见，因着刻板的印象做出了一个个错误的判断、决策毫不稀奇。当大脑思维的灵活度受到压制的时候，人们的一生也就被限定在了固有的轨道中，扑腾不出一点特别的火花。尝试着去释放自己的思维吧，尝试着去打破脑海中的刻板印象吧，尝试着用另一种方式去思考，站在另一个角度去思考问题。要做，就做一个有趣的，拥有着创新精神的人；要做，就做一个想象力丰富的、灵活善变的开拓者，这会给你带来很多宝贵的体验，让你避免在因循守旧中消极怠惰下去。

沃顿商学院思维课笔记：

思维定式是谋杀创新性思维的元凶。它牢牢地绑住了人们的手脚，禁锢了人们的创新性思维，使得人们的时间和精力白白浪费。

如何运用假设突破思维定式

某心理学家曾经注意到这样一个现象：人们用一根细绳便牵制住了一头强壮的大象，而在制服瘦弱的小象的时候，用的却是一条粗糙结实的长绳。经过一段时间的研究，这位心理学家得出了一个令人信服的结论：小象瘦弱，虽然在初期的时候尝试过各种各样的方法去挣脱长绳逃跑，却总是以失败而告终。

长年累月的失败使它彻底灰心起来，还在它的头脑里形成了一种惯性思维，它认为无论自己怎么努力都无法挣脱那根绳子。可是它并不知道，流逝的岁月让它愈发强壮有力，别说缚在它身体上的那根绳子细得可怜，哪怕就是小时候的那根粗绳，它也有办法弄断。

但可悲的是，已经成长为大象的它早已经认命，早已经陷入了那种思维定势中不可自拔。大象如此，人也是如此。很多时候，思维定势都会变成束缚住人的手脚的一根细绳，在当事人自己看来，这种束缚坚不可摧，可实际上只要稍一用力，便能挣脱它的束缚，自由地放飞思想。前文中早已阐明，这种思维定势与人过往的见识和经验有关，为了让思维飞起来，必须勇敢地打破它。我们除了可以运用不同角度看待问题外，还可以运用假设的方式来突破思维定势的纸老虎。

现实生活中，为了解决问题，有些人会依照脑海中的思维定势在牛角尖的道路上一步步走到黑；另一些人却会适时地提出诸多假设，再根据这些假设来重新进行研究、分析、质疑等一系列的思想活动。其实，这便是沃顿逻辑思维课程中十分重要的假设思维。合理地运用假设思维，可以帮助我们成功突破思维定势。事实证明，假设思维总是会在具体的实践中发挥出巨大的实用性。

尤其是在商业活动中，假设思维会帮助我们顺利地通向目标。某位商业精英从沃顿商学院毕业后，组建了属于自己的商业咨询团队。一次，该咨询团队接到了某家饰品生产厂的咨询服务，后者要求该团队为他们厂的产品寻找到最好的提高销量的方法。前期，团队成员各司其职，花费了不少时间去搜集有关饰品行业未来发展趋势的资料。在各种工作都准备得差不多了之后，毕业于沃顿的那位商业精英带领着团员们开了一次又一次的会议，主题便是“假设”。

他积极倡导成员们提出自己的假设，并及时予以分析、探讨实行的可能性。有的说厂商可以加强与零售商之间的合作关系，从这方面入手；有的说厂商可以想办法降低生产成本；还有的说厂商方面可以调整营销思路，去采取各种促销手段刺激消费……这些设想中，有的被留用，有的却被当场 pass 掉，后来，某方案获得了全体团员的一致认同，在大家的出谋划策下，也变得越来越合理、完善。后来该厂商果然采纳了这条方案，并试行了一段时间，取得了不俗的效果。

沃顿商学院的专家提醒我们，商业活动中的假设一开始可能只是一张画得十分潦草的路线图，它不一定会被采纳，即便被采纳了也不一定会取得预料中的好效果，但这种假设依旧意义重大，仅凭着它可以帮助我们发散思维、打破思维定式这一点便值得推崇。

在沃顿商学院的专家们看来，出色的人才除了要拥有完整严密的逻辑思维、令人佩服的推理能力、灵活的应变能力、高效的行动力外，还少不了漂亮的假设能力，只因这种能力是创新性思维的体现。沃顿商学院也一直很重视对这方面人才的培养。对于普通人而言，若是陷入了思维定势，行事难免会循规蹈矩，不懂变通，难以创下什么亮眼的成绩，这对于他个人的人生来说，是不幸的。对于一个企业的决策者来说，若是一味固守思维定式，从不愿意去进行符合情理而又稍稍出格的商业假想，整个企业的发展也难免会受到限制。

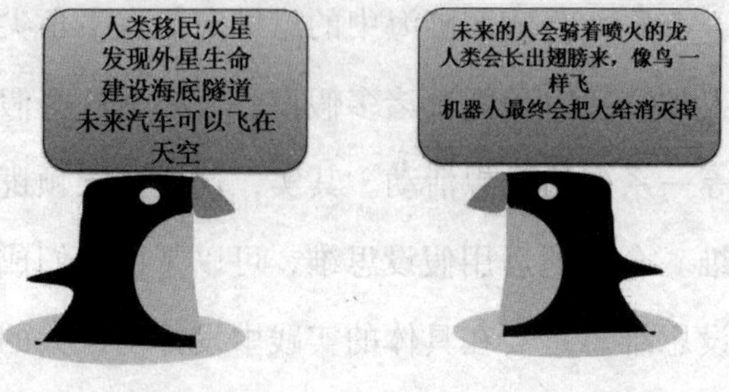

假设——基于事实　　幻想——凭空想象

5.3 假设和空想

在遇到难题的时候，不要急着去解决，你可以先在草纸上从容地列出一些假设，当然，这些假设一定得基于现实，符合常理，不能太不切实际。在列出假设的过程中，你也可以有意识地去训练自己的思维，力求形成一道比较缜密的关系网，不要东想一下西想一下，既扰乱了自己的逻辑，也浪费了不少时间。这种假想训练对你创新性思维的形成大有裨益，你可以多多进行。

我们可以具体地来分析一下假设思维的运用和操作的步骤。

收集相关资料，提出靠谱的假设。想要增加你的假设被实现的可能性，不妨在此之前多下苦功，将跟问题有关的事实材料调查清楚，了然于胸后再进行一些初步的假设和预测。

围绕假设，进行广泛论证。为了增加你的假设的正确性，可以先进行广泛的论证。这些论证会使得一些不可能实现的假设被淘汰掉，而另一些有可能实现的假设经过这样的论证会变得更加完整、准确、合理。当然，如果你正处于一个团队之中，不妨互相论证团队成员们的假设，集思广益的同时，也会增加团队的凝聚力。

如果有一天，这种假设思维变成了你的思维习惯，那么你固有的思维定式、刻板的思维印象便已经被成功地冲破。有些人觉得这些假设未必都会变成现实，因此没有必要在这上面费心劳神。这种想法是错误的。在假设之初，你就不要指望你的假设一定会被采用。你应该抱着学习的心态，全身心地投入到这个过程中去，这将会为你带来一场头脑风暴，一场思维洗礼。

人类在过去的半个多世纪中，运用假设的力量创造了太多太多的奇迹，几乎超过了以往全部人类历史时期的总和。当人们假设人类可以像鸟一样飞起来的时候，飞机产生了；当人们假设人类可以去太空探险的时候，人类最终在月球上留下了第一个脚印。这无数的事实告诉我们，人的智慧将在假设中得到无限的扩展，运用假设来打破思维定式，人类还会创造更多的奇迹。

沃顿商学院思维课笔记：

假设思维虽然是一种人为的篡改现实，但在保证不影响判断基础的前提下，却有助于跳出思维定式，帮助我们顺利地通向目标。

解决问题，要合理运用多重假设和预言

沃顿商学院的专家建议人们，在解决问题的时候，要合理运用假设的力量。需要强调的是，这种假设只是一种构思，而不是板上钉钉的结论。某些企业的决策者们总会通过以往的经验或者某些信息的辅助，便简单粗暴地为某些事情下了结论。实际上，依据假设随时有可能被推翻的特点，我们知道，结论并不能那么轻易地被定义。

这就推出了“多重假设”的定义。在解决问题的过程中，每一次的判断、选择都是一次假设，我们不能将这种假设当作结论。因为我们在进行判断的时候，难免会受到主观视角和不实信息的影响，这使得判断的正确性大打折扣。因此，将每一次判断都当成一个假设，随着事情的深入，这个假设随时会被推翻，这便形成了多重假设。记住，真相没有水落石出之前，不能妄下结论。

在网络信息时代，普通人经常会看到这种反转剧，只因他们对思维上的假设与多重假设了解甚少，才会不断地妄下结论，并屡受蒙蔽。如 2016 年在朋友圈掀起大浪的“罗尔事件”，堪称典型的互联网反转剧。

在这出反转剧中，人们首先扮演的是一个同情者的角色，当那篇感人肺腑的《罗一笑，你给我站住》的文章红遍朋友圈的时候，大多数人轻易下了一个结论：这是一个女儿患了绝症的、走投无路的、急需帮助的父亲。于是大家纷纷转载这篇文章，同时慷慨解囊，热情捐助。没过多久，事情变得复杂了起来，随着窸窸窣窣的质疑之声，罗尔的真实情况得到了曝光。有人爆料说，“罗尔事件”是罗尔与某营销公司联合炒作下的产物。而罗尔本人名下有三套房产，女儿罗一笑的治疗费用亦被医保报销了大半，目前所需缴纳的费用罗尔本人完全可以承担。

这些爆料引起了轩然大波，民众这时候又扮演了谴责者、谩骂者的角色，很多人再一次轻易下结论说：罗尔女儿生病是假，借此炒作、捞钱是真。很快，当地政府针对“罗尔事件”成立了调查组，进行了专项调查。调查表明，罗尔女儿确实患有白血病，目前正在医院接受治疗。而罗尔收到了网民巨额捐款也是事实。2016 年 12 月，随着罗尔女儿的不幸逝世，这场闹剧渐渐淡出了人们的视线。孰是孰非暂且不用讨论，值得深思的是，在这次事件中，大多数人民群众思维僵化、刻板，缺乏独立思考的现实得到了极大的披露。

人们看到了一个现象，先不论真假，反而忙着一锤子钉死，轻易地给它下了结论，这才遭到了一幕幕反转的冲击。在生活中是这样，如果是在学习中，在工作中呢？你还会这样吗？这种带有明显缺陷的思维模式无疑会让你饱受其害。

错误的信息引导着你做出了错误的判断，使得你错误地下了结论，这是要不得的。现实生活中，我们要推崇假设思维，去打破思维定式，还要着重推崇多重假设的思维，来帮助我们拨开生活中和工作中的迷雾。在事态发展的过程中，我们所处的环境、条件、资金、人员都会发生不断的变化，我们也会依据这些变化来做出种种假设，这是对现实情况的一种磨合和调整。在多重假设的过程中，包含着我们对于客观事实的推断，对于之前假设的修正。创新性思维离不开假设思维，如果说，初步假设是酝酿时期，那么多重假设就是发酵时期。

相对于多重假设来说，预言指的是人们站在自己的知识、经验和固有认知上，对未来发展的前景做出的一系列的设想和推断。

假设有着一定的现实依据，是在此基础上提出的。预言则是根据假设对未来各种可能的结果进行猜测，对还未发生的、目前情况不明的事物进行估计，并推测事物的未来发展趋势。

假设和预言最大的区别是，前者针对原因，而后者针对结果。

沃顿专家们强调，假设和预言都是创新性思维的体现，都有利于提高我们的创新性思维能力。阐明了假设、多重假设的作用后，沃顿专家们还想灌输给我们的观念是，预言的力量不容忽视，尤其是在商业活动中。专家指出，预言的思维方法一般分为以下两种。

一、极度依赖人的过往经验、素养见识和综合能力的直观性预言。直观性预言在一定程度上值得信赖。虽然它并没有经过一系列严谨的分析和推理过程，但若预言人经验老到，综合素养很高，直观性预言既省时又高效。当然，如果预言人的知识经验、逻辑思维能力不够格，掌握的信息有误，提出的预言就不可信。

二、根据一些稳定因素进行推断的探索性预言。在现实生活中，同一件事情的发生条件、发展方向、性质等因素有着相对的稳定性。根据这些稳定因素，人民可以试探性地提出预言。探索性预言比直观性预言要理性，在具体的形式上也比较灵活。当然，这也只是一种思维探测的过程，具有一定风险性，不可盲目相信。

特斯拉CEO、有着“钢铁侠”美誉的埃隆·马斯克热衷于预言。他曾预言说，在未来，计算机、智能机器和机器人将取代普通人，成为社会中主要的劳动力。而随着科技的变革，越来越多的工作都需要机器人来进行，到了一定的时期，政府将不得不为普通人支付统一标准的工资。

世界上并无收入或者薪酬统一化的先例，奥巴马曾在接受采访时表示，未来10到20年里，统一化的收入及普通人是否接受统一化会成为热门话题。对于自己的预言的准确性，埃隆·马斯克却怀着极大的信心。这位商业奇才履历惊人，经验丰富，他的预言确实有着很大的可信度。

在人们看来，埃隆·马斯克绝不是个缺少创新性思维的人，否则他也不会策划“火星绿洲”计划，成为特斯拉创始人的同时，千方百计地想将自己送入火星。1992年，年轻的马斯克如愿以偿地拿到了宾夕法尼亚大学的奖学金，入读该校著名的沃顿商学院。沃顿曾走出很多在世界上都极具影响力的人物，它锻造了学生们的逻辑思维能力、创新精神和敏锐的商业意识。马斯克也不例外，那几年的经历让他获益良多。从他的事业生涯的起始到现在，他从不缺乏创造力。随着他一步步创下了如今的成就，他有关未来的种种预言也成为了人们竞相讨论的热点话题。

沃顿商学院的专家说，自我创新性思维的塑造，离不开假设、多重假设、预言等思维活动。在生活中，一定要有意识地运用这些思维方式去看待问题、分析问题、解决问题，而进步会在潜移默化中体现。当你如此充实地走完一长段道路后，回头看看，才发现，当初的自己是多么简单、浅薄而弱小。所以说，只有强大的逻辑思维才能够塑造强大的自己，面对这个世界的复杂与多变的时候，你才不会不堪一击。

沃顿商学院思维课笔记：

思维的多重假设和预言是塑造创新性思维必不可少的途径，只要将这些思维活动多在生活中实践，就能一步步提升自己。

创新性思维，就在你身边

2015年，“宾大沃顿中国中心”在北京正式成立。宾大校长艾米·古特曼对此评价说，它将进一步“让宾大走向世界，让世界走进宾大”。很多人都有此疑问：美国宾夕法尼亚大学为何要在中国设立据点？沃顿商学院又为何多年来生命不衰，成为人们心中最牛的商学院？

1896年，宾夕法尼亚大学录取了第一位来自中国的学生，自那时候起，宾大与中国就结下了缘分。到如今，生活在中国的沃顿校友达到了1800多人，宾大的中国学生也堪称桃李满天下。

对于宾大在中国设立据点的原因，宾大沃顿国际中国中心主任解释说：“随着中国在世界经济中的影响越来越大，沃顿的学生对中国经济的前景、中国的商业机会越来越感兴趣；同时，沃顿教师们的研究重点也越来越侧重于中国。”

宾大在中国设立据点，无疑是一项大胆的、创新性的举动。而沃顿商学院一直很重视一个词，那就是创新。在沃顿商学院的逻辑思维课程中，创新性思维被认为是最重要的思维能力之一。自成立以来，沃顿商学院一直紧随着时代的脚步，锐意创新，多年来一直蝉联全球顶尖商学院的宝座。

美国总统特朗普、股神巴菲特、特斯拉创始人马斯克……翻开沃顿校友录的名单，你会被闪瞎眼。而沃顿商学院的成就不止如此，一直以来，它都在为商界提供知识创新的深入研究，堪称孜孜不倦。

2017 年 3 月，美国沃顿商学院的现任校长杰弗里·加雷特来到中国深圳，与有关负责人探讨联合兴办商学院事宜。他说，沃顿正致力于给美国人赋予一种全球视角，而按照他的商业思维来看，深圳企业的创新力值得更多商学院的学生实地体验与学习。是的，沃顿关注的焦点始终在“创新”二字上。

创新性思维是一种极具开创意义的、高级的思维活动，它帮助人类开拓新领域，认识新成果，是人们以感知、记忆、思考、联想、理解等能力为基础而进行的求新性心理活动，它有着综合性、探索性等特点。

创新性思维如何产生？长期以来，人们对这个概念有着认识上的偏差，他们总是认为，只有科研人员才能够谈创新。然而沃顿商学院的专家们在进行了专业的数据调查后说，这个时代的企业中绝大多数有价值的创新都来自于普通技术领域。除了那些著名的大企业，中小企业更是创新频发。

美国人斯宾塞曾在 20 世纪 90 年代出版过一本书，叫作《寻找创意企业》。书中说，兰德公司平均每年都有超过 100 种新产品面世。而那时候美国兰德公司绝对没有现在的规模，公司的总人数加起来都不超过千人。就是这样一个发展中的企业，具有着超强的创新力。

另一本名为《创造力头脑》的书详细阐述了丰田公司的丰功伟绩。丰田公司花了 15 年的时间将公司汽车的产量增长了三倍，而公司的总人数也一直保持在 4500 人左右，多年以来，这个数据几乎没有改动过。原来丰田公司向每一名下属员工都提出了一个要求：每一年每一个人都要向公司提出 20 项革新建议。丰田公司很看重员工们的创造力，哪怕是普通员工提出的建议，也会一视同仁按情况采纳。这让员工的凝聚力和创新力空前高涨，不少员工都提出很有意义的革新建议，这些建议每一年都会为公司节省超过两亿美金。

沃顿商学院的专家在经过一系列的专业调查后，列出了一份世界最受欢迎的十大品牌的名单。其中，麦当劳公司名列前茅。雷·克洛克是麦当劳的创始人，他的创业经历堪称一部跌宕起伏的传奇史。雷·克洛克身上最突出的特质是那一股子奋发激昂的创新精神，而他本人也很重视那些创新性思维突出的人才。靠着这股创新精神，雷·克洛克在食品业做出了一次又一次创举，让人印象深刻。

雷·克洛克将改革的第一步放在了麦当劳的联营分销体系上，与传统不同的是，他想要的不仅是自己的企业获得成功，他还想要其他联营者在与他的合作中共同获利。在当时，对联营者百般“敲诈、勒索”来榨取利润的老观念虽然没有放在明面上说，但都是大家心照不宣的事情。雷·克洛克却认为这行不通，他认为企业要走得长远，必须同这些联营者建立更加牢固、可靠、长期的合作关系。他鼓励联营者说出心声，提出自己的改革建议，这种诚心打动了很多未来的合作者，他的计划也产生了预期中的反响。

一时间，大批既忠诚又不乏创新性思维的联营者纷纷来到麦当劳的麾下，为麦当劳的发展发挥出了重要的作用。同时，麦当劳公司的食品专家们向雷·克洛克建议，只有对食品的生产和供应进行大胆改革，才能最大限度地赢得市场。不出意外，雷·克洛克采纳了他们的意见。他一直强调的就是创新精神，而这种精神也使得麦当劳变成了家喻户晓的品牌。

创新性思维无论对于国家、社会、企业还是个人来说，都有着无与伦比的作用和意义。它可以让人类的知识总量不断增加，并不断提高人类的认知能力；它可以指导人类的实践活动，为人类打开发展的新局面。而且，创新性思维一旦取得成果，会产生极大的激励作用，推动人们不断地进行创新性思维活动。

沃顿教授们也很注意培养学生们的创新精神，在他们看来，创新性思维是一种极其珍贵的能力。沃顿教授们建议我们，想要挖掘、培养自身的创新性思维，就要尝试着做到以下几点：

一、展开幻想的翅膀，痛快地徜徉在思维世界里。

心理学家研究表明，人的大脑有感受区、储存区、判断区、想象区这四个功能部位。有些人善于运用大脑中储存区和判断区的功能，却不善于运用想象区的功能，这样的人的创新性思维开发得并不明显。爱因斯坦说："想象力比知识更重要，因为知识是有限的，而想象力概括着世界的一切，推动着进步，并且是知识进化的源泉。"开垦你的大脑想象区，让它的功能得到运用，能够帮助你激发自己的创新性思维的潜力。

二、重视思维发散的过程。

思维发散的含义是，一个问题可能有多种答案，以一个标准答案为中间，将思维发散开来，寻找出越来越多的答案。当人处于发散性思维的时候，可前后跳跃、左冲右突，进而表现出思维的创造性成分。让自己的思路尽量开阔起来，而不去拘泥于一个所谓的标准答案，你眼前的世界会变得越发丰富精彩。

三、重视灵光乍现，创新性思维，就在你身边。

很多人都有过灵光乍现的时刻，有的人会认为自己是在胡思乱想，将之抛到一边置之不理；有的人却郑重地"捧"起了那一念之间的灵感，不断地思考、研究、探索，直到将这抹灵感最终变成一个成果。实际上，创新性思维并不稀奇，它不是专业人士的专利，它就藏在你的心理活动之中，你所要做的就是将它挖掘出来，并发扬光大。很多普通人都是因为对脑海中的一个新想法着了迷，这才走上了自己辉煌的事业之路。这样的案例数不胜数。

卓别林曾意味深长地说："和拉提琴或弹钢琴相似，思考也是需要每天练习的。"如果我们每天都有意识地去培养自己的创新性思维，日积月累下去，迟早会变成这方面的大师。而这种创新性思维也会为我们的人生带来很多不一样的体验。

沃顿商学院思维课笔记：

创新性思维离我们很近，它是大多数人都拥有的思维潜力，深藏于我们的脑海之中。

解开问题的推理和演绎

第六堂课

三段式推理：沃顿思维逻辑的重要一课

特朗普不止一次公开发言称：“我毕业于美国最顶级的商学院——沃顿商学院。我是一个聪明的人。”

除了“财富”“好的基因”“花花公子”，对经济议题的“天生直觉”外，“沃顿商学院”是特朗普身上另一个显眼的标签。

1968 年特朗普取得他的商学院学位，50 年过去了，他无时无刻不在谈论沃顿商学院的伟大以及毕业于这所名校的伟大的自己。

特朗普再三对人们说，“美国需要商业精英来领导这个国家”，而沃顿商学院的学历让他绝对有资格成为总统。特朗普有着这样的自信，自成立以来，沃顿商学院就以培育商业精英为己任，尤其注重挖掘每一个学生身上特有的思维潜力。

在沃顿商学院的逻辑思维课程中，推理和演绎是占有极其重要的比重的。那么，何为推理？何为演绎？

推理和演绎指的都是一种思维过程。所谓推理，指的是一种以一个或几个已知的判断为前提，由此推导出一个未知结论的思维过程。所谓演绎，指的是一种从假设命题出发，运用逻辑的某些规则，导出另一个命题的过程。现实生活中，一旦问题出现，我们便可以运用推理和演绎的思维过程，通过问题的表象得到事物的本质，从而找出一条解决问题的道路。

在推理和演绎的法则中，三段式推理可谓是最基础也是最常见的。何为三段式推理？顾名思义，它指的是将一件事情按不同层次划分成三个部分，然后分层次推理得出结论的推理方式。

古希腊哲学家苏格拉底曾举过一个著名的关于三段式推理的案例，即：凡是人都要死，苏格拉底是人，所以苏格拉底是会死的。按照三段式推理法则，我们可以来具体演绎一下这个逻辑过程。

大前提（普遍公理或者定理）：凡是人都要死。

小前提（研究对象的具体情况）：苏格拉底是人。

结论（对特殊情况的判断）：苏格拉底是会死的。

这个经典案例中的前两个命题拥有着共同项“人”，因此得出了一个新的命题。再比如说：所有金属都能够导电（大前提）；铁是金属（小前提）；铁能够导电（结论）。此案例中，大小前提拥有着“金属”这个共同项，这才导出了一个新的命题。可见，三段式推理法则想要成立，少不了一个必要前提：大小命题中要存在共同项，这样才能得出有关这个共同项的新的结论。

对于推理和演绎法则来说，三段式推理拥有着极其崇高的地位，它是所有推理中必不可少的基础。可以说，是三段论架构起了整个逻辑的脊梁。想要领会沃顿商学院的逻辑思维课程，就必须对三段式推理的定义和延伸意义有着深入的了解。尤其需要注意的是，在此推理法则中，一旦某段推理不成立，接下来的推理也就不存在了；如果大前提和小前提存在，那么推导出的结论的正确性是毋庸置疑的。

在生活中，我们到处都可以看到三段式推理的影子。可以说，它的推理过程清晰明了，并不复杂，依仗的理论依据也没有那么高深，可是它总能够在实践中发挥出巨大的效用。只要你理清楚了中间的逻辑，运用三段式一推理，必然能够顺藤摸瓜，找到问题解决的关键。

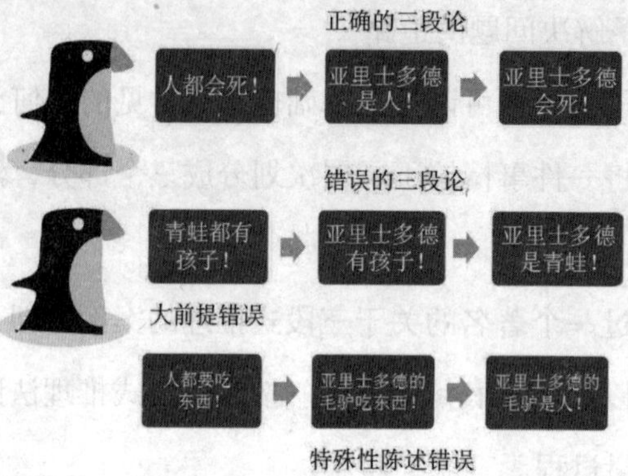

6.1 三段式推理

某个夏天的午后，热辣辣的太阳炙烤着地面，空气闷热无比，街道上的人群行走飞快，谁也不愿意在这么毒辣的太阳底下多待一秒钟。突然远处传来了一声尖叫，只见一个妇人焦躁地翻找着自己的背包，懊恼不已。原来，她的钱包被人顺手摸鱼偷走了。幸好，附近的警察被人群的骚动吸引了过来，将情况询问清楚后，警觉地看着来来往往的行人。

过了一会儿，警察突然指着正在道路两旁的花坛上浇水的花匠模样的人，对着下属喊道："那个人就是小偷，赶紧逮住他别让他跑了！"几人一拥而上，将那个人按在地上，盘问之后得知，那个人果然是小偷。

这个案例中的警察便是运用了三段式推理的方式成功地抓住了小偷。如果是专业的花匠，不可能不知道在炎热的天气里，植物会蒸发自身水分来散热，这时候若是给植物浇水会导致其遇冷阻碍水分的吸收，严重的会导致植物死亡。可以说，这是一个对于专业花匠来说再简单不过的常识。而这个人却在警察的眼皮子底下装模作样地给植物浇水，可见，他并不是一个花匠。他的举动这么不正常，显然心中有鬼。

警察从结果推导出原因，是一个简单的三段式推理的过程。如果我们能够学会从已知条件中推理出最开始的情况，直至推导出最原始的程式，便掌握了三段式推理法则的精髓。

某家日化企业的领导人想要开拓非洲中部的市场，将公司产品销往这个地区，他这个决策并没有得到公司高层的同意，大多数人都认为这个想法不切实际。一些人认为非洲经济水平低，非洲人消费能力差；另一些人认为非洲人生活状况落后，这款产品不一定能够顺利打开市场……反对的理由层出不穷。

这位领导人面对质疑，只用了一个三段式推理就完美地解决了这个问题，成功说服了所有人。他一口气说道：“是不是所有人都需要一个健康的生活方式？当然，答案是肯定的。非洲中部人是不是人？答案又是肯定的。这便带来了一个结论，如果我们能够为非洲中部人提供健康的生活方式，市场潜力是很大的。实行的过程中难免会遇到很多困难，但只要仔细考量，巧妙应对，便能渡过难关！”

一席话说得大家心服口服。最后，董事会一致同意，公司将拨出一部分资金用于开发非洲中部的市场。这个决策实行几年后，便获得了很大的反响，该公司投也连本带利收回，收益良多。

沃顿商学院的专家认为，如果我们都能够将三段式推理融入日常的逻辑思维中，任何表面复杂、棘手的困难恐怕都会变得清晰、简单起来。符合逻辑的三段式推理包括直言三段式推理、选言三段式推理、假言三段式推理等类型。由此我们可以看出，三段式推理除了可以进行必然性的推理，还可以进行偶然性的推理，后者这种推理方式具体是指从大小前提推理得出的结论具有偶然性和随机性，这并不代表这种并非必然的结论一定没有可用的价值，某些时候，它也能发挥出功效。

这种偶然性的三段式推理也是思维演绎的一种推理方式，对于必然性的三段式推理来说，区别只在于得出的结论不一定可靠而已。生活中，我们会遇到很多纠缠在一起的问题，让我们左右为难、束手无策。这时的思维是最混乱的，但如果你能够冷静下来，运用三段式推理法则好好梳理这些谜团，思绪会变得清晰，问题也会迎刃而解。

在沃顿商学院的逻辑思维课中，三段式推理法则占有一定比重。之所以如此重视这个法则，是因为它为我们掌握推理和演绎的思维方式奠定了牢靠的基础。对于我们每个人来说，将这个法则牢记于心，并常在实践中多加训练，是一件很好的事情。

沃顿商学院思维课笔记：

在推理和演绎的法则中，三段式推理是最基础也是最常见的。将一件事情按不同层次划分成三个部分，然后分层次推理得出结论，便是三段式推理的定义。

归纳式推理：从一般到特殊的思维过程

沃顿商学院的专家提醒我们，逻辑推理中，存在着一个重要的组成部分，那就是归纳式推理法。而沃顿商学院团队在分析问题的时候，经常运用归纳式推理法来帮助他们得出可靠的结论。

从逻辑学的本质来说，归纳是从特殊到一般的思维过程，它既符合逻辑，又建立在基本事实的基础上。归纳式推理法，指的是在经过大量事实、实验结论的验证后，将某一类事物的共同规律进行归纳和总结。它的定义还可以这样理解：当某类事物的部分对象拥有着某种性质的时候，我们可以推导出一个结论，那就是这类事物的所有对象都具有这种性质。

举一个简单的例子，当我们看到哈士奇要喝水、柴犬要喝水、蝴蝶犬要喝水、吉娃娃要喝水，乃至中华田园犬都要喝水的时候，经过归纳推理，我们不由得出一个结论，那就是所有的狗都要喝水。这个结论毋庸置疑，一定是正确的，虽然我们不可能亲自去一次次地验证。

归纳式推理在现实生活中的应用比比皆是，当我们遇到那些验证难度过大的问题的时候，不妨使用归纳式推理，通过它得出的结论是很值得信任的。沃顿商学院的商业精英们在面临商业问题的时候，也倾向于使用归纳式推理来总结那些问题的共同之处，这使得他们的工作越发畅通。

某位沃顿商学院的校友在研究南美消费品市场时发现，很多美国企业为了顺利打开南美市场，都和当地的政府签订了某种合作协议，这些协议能够保护美国企业畅通无阻地在当地进行贸易活动，而不受各种骚扰。可见，如果少了当地政府的庇佑，美国企业在打开南美市场的时候会遇到很多难以想象的困难。这位校友习惯性地运用了归纳式推理法，将这些困难一一总结了出来，在一系列深入研究的基础上，他最终提出了依赖于当地政府之外的另一种解决方案。

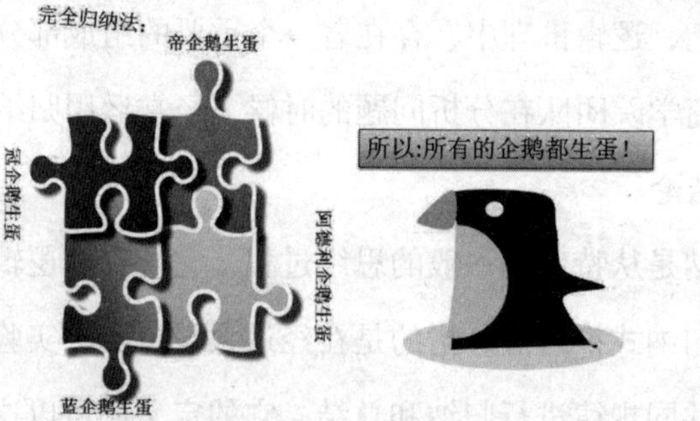

6.2 归纳法

沃顿商学院的专家分析，企业在进入高速扩张阶段的时候，几乎所有的企业主最关心的问题都会变成自身财务状况是否安全稳定。他们最担心资金链会突然断裂。那么，为什么这些企业主在这一时期都有着共同的担忧呢？以往无数的商业案例告诉我们，当企业高速扩张的时候，带来的不仅仅是企业知名度上升、品牌愈发深入人心、市场占有率水涨船高等积极的一面，它同时带来了大量的资金需求，此时，若资金链断裂，企业的风光现状便会灰飞烟灭。为了阻止这种可能性的发生，企业主们不得不捂紧了腰包，格外地重视起资金的问题来。

这便是归纳式推理的典型案例。面对不同问题，归纳的方式各有不同，根据这种不同，归纳式推理基本上有两种展现形式。

一、完全归纳法。当某一类事物中的每个个体共同拥有某种属性的时候，运用完全归纳法，我们可以得出，这类事物全都拥有这种属性。这种归纳法有两个原则：前提中遭遇判断的对象必须归属于这类事物；前提中的所有判断必须真实无虚假。

二、不完全归纳法。又称为普通归纳法，分为简单枚举法和科学归纳法两大类。不完全归纳法是完全归纳法的对称，当我们遇到了有一定局限性和不可实现性的判断对象时，就要放弃完全归纳法，转而使用不完全归纳法。这种归纳方法会在现实生活中产生积极的作用，它是从整体中抽取一个或几个特殊情况作为参考，从而做出一般性结论的归纳推理。

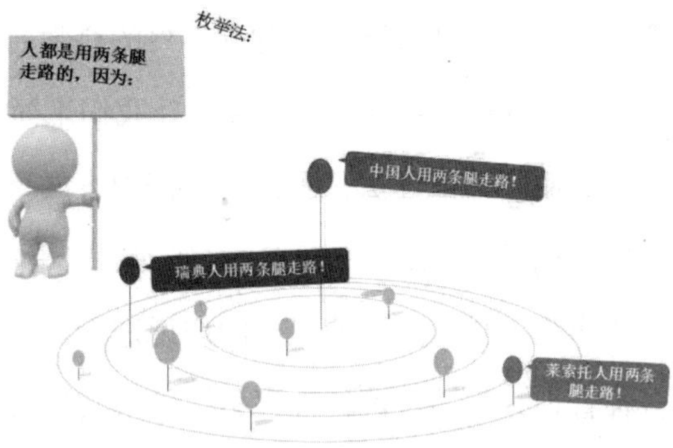

6.3 枚举法

比如说，物理学家在实验过程中发现，黄金这种金属在受热后体积会出现膨胀的现象，银、铁、铜等金属在受热时会发生相同的现象，经过归纳推理，物理学家得出结论：自然界中的所有金属在受热后都会发生体积膨胀的现象。我们不可能将自然界中所有的金属都拿来一一试验，但这种通过抽取一些特殊的对象后得出结论的不完全归纳法依然值得人们信任。

著名投资家、沃顿商学院的校友沃伦·巴菲特是个频频使用归纳式推理法理清思路，并屡屡创下辉煌的商界奇才。最初，巴菲特在各大企业财务报表上花费了很多的时间和精力，在此过程中，他会不断使用归纳式推理法来分析、归纳这些财务报表上的数据，他会不断地整理这些企业经营管理经验中的相似之处，他还会针对这些拥有竞争力的企业的各种优势和劣势进行归纳对比，最终得出很多宝贵的结论。而这些结论又指引着他一系列的投资都大获成功，在积累了很多经验的同时也赢得了一大笔财富。

沃顿商学院一直强调，想要将逻辑思维的课程融会贯通，少不了精湛的推理和演绎能力。学到了归纳式推理法的内涵，你的逻辑思维体系将渐渐紧密、庞大起来。归纳式推理法对于学界的科学研究、商界的管理决策、普通人的日常生活打理都有着突出的意义，让我们来简单总结一下。

运用归纳推理法，我们在依据现有的事实、情况下极易提出一些假说，使我们的思维得到最大程度的发散；运用归纳推理法，我们可以利用概率和统计方法作为工具，为之前提出的假说进行验证；运用归纳推理法，我们可以针对各种管理方案进行可行性评估，使得我们做出的任何一项管理决策都有着极高的实践性和可信度。

沃顿商学院的精英提醒我们，在现实生活中，我们可以不断地去对身边的某些现象进行归纳推理，将它当成一种思维训练，这会使我们的推理和演绎能力不断提升，并最终成长为一个越来越强大、越来越成熟的人。

沃顿商学院思维课笔记：

归纳式推理，是从一般到特殊的思维过程，它在日常生活中的应用堪称比比皆是。

看问题，要看背后的规律

2017 年 3 月中旬，雅诗兰黛集团现任执行总裁及董事会主席 William Lauder 来到中国上海，目的是巡视他的亚太总部。这是 William Lauder 出任 CEO 职位后首次来到这个对他而言最重要的海外市场——中国。在短短三天的行程中，William 将所有时间都利用了起来，走访了几乎所有的原材料采购商。除此之外，他还逛遍了上海所有设有雅诗兰黛专柜的商场。

William 的目标很明确，他要在这个市场中创下 100 亿的销售业绩。他对此很有信心。

William Lauder 毕业于宾夕法尼亚大学沃顿商学院，雅诗兰黛 (Estee Lauder) 集团的创始人 Estee Lauder 女士是他的奶奶。1986 年，William 加入雅诗兰黛集团，从市场总监做起，多年间辗转于品牌经理、实验室主管等岗位，一直做到了集团 CEO。很多声名显赫的人士对 William 此次的上任都抱着很大的期待，人们对于 William 的评价多数是“思维清晰”“能力出色”“能够轻而易举地看出问题背后的规律”。

经过多年的锤炼，大家对 William 的领导能力十分信任。雅诗·兰黛前任 CEO 连翰墨可以说是 William 最大的支持者之一，他说 William“既相信直觉，也尊重基于事实的理论分析”。而 William 的同事们都认为，在与 William 的共事中，后者留给他们最深刻的印象是面对难题时的冷静，还有突出的逻辑思维能力。在他们看来，William 拥有着一颗纯粹的商业头脑。

实际上，William Lauder 不管遇到什么难题，总是首先尝试从现有的情况去推导问题的本质，从而一举发现事实背后的规律。可以说，正是沃顿商学院的那段求学经历，影响并促成了 William 的这种主动寻找问题背后规律的思维意识。沃顿商学院强调，人的推导和演绎能力越突出，就越能够轻易发现问题背后的规律，这会帮助我们多快好省地解决问题。

存在于这个世界上的万事万物都有着各自的发展规律，任何事情、现象的背后都是有规律可循的。想要看透一件事情，不妨先理清它发展的规律；想要解决一个难题，不妨先将它产生的源头及每一次的演变原因、过程一一弄清楚，只要能够找出规律，就能从源头上扼杀问题。

人的推理和演变思维开始于对规律的寻找中，想要发现问题背后的规律，首先要对规律的含义有所了解。沃顿商学院的专家告诉我们，事物背后的规律可以分为自然规律、社会规律、思维规律这三大类。自然规律和社会规律是客观存在于物质世界上的规律，这是两者的共同点，而两者的区别在于不同的表现形式上。自然规律一般通过自然界中各种无意识的、盲目的动力相互作用的过程中表现出来；社会规律则通过人的各种自觉活动表现出来。

思维规律指的是物质世界的客观规律通过人的主观思维给予的反应。发生在这个世界上的事物基本上都可以用一套规律来定义或者预测走向，而拥有着共同本质的事物和现象都具有普遍的规律，与此同时，不同事物间的规律有时候还可以相互通用。将这套理论运用到现实生活中去，会让我们获益良多。当我们被某个难题困住的时候，左思右想也找不出问题背后的规律，不妨试着联想与面前难题相类似的事情，通过后者的规律推导出前者的解决方式。

由于各个规律间拥有共通之处，我们在面对一个陌生领域的时候，完全可以运用以往的经验或者相似的案例来应对面前的难题，轻而易举地找出此领域的规律，帮助我们加深理解，并找到切入点，不至于被这种陌生感困住手脚。

William Lauder 在处理各种商业问题的时候，总会先调用以往的经验，来找出突破面前困境的规律。当他总结出一些具有借鉴意义的规律后，便会将它放在那些原有经验之上进行观察、思虑、剖析，直到最终找出一个十分有价值的线索，一条引领他走出迷雾的小径。

沃顿商学院极其重视对学生推理与演绎能力的培养，那些商业精英当初在沃顿学习和工作的时候，会接触到大量关于商业规律的实践案例及理论分析，在这个过程中，他们积累了无比宝贵的经验。这对于他们的职业生涯来说意义重大。每一个毕业于沃顿商学院的商业精英都有着无比敏锐的嗅觉，他们对问题背后规律的重要性了解得很透彻，问题发生的时候，会第一时间去探寻其中千丝万缕的规律，并懂得如何运用过往的经验帮助自己以最快的速度发现、总结出一整套有价值的规律。

沃顿商学院的专家们坚信，只要有规律可循，任何问题都能够被解决。作为一个普通人，我们完全可以学习那些沃顿商业精英处理问题的方式，并站在前人的肩膀上开拓眼界。前 IBM 总裁路易斯·郭士纳在其个人著作《谁说大象不会跳舞》中提出，人凭借着不断进步的推理和演绎能力可以轻松地发现事情背后的规律，而这会极大地推动问题的解决。

1993 年，郭士纳作为门外汉第一次出现在 IBM 的高层会议上的时候，受到了诸多质疑。当时的 IBM 内部存在着严重的官僚主义，从管理层到业务部到底层员工，效率低下、懒惰成风的问题很严重，郭士纳表面上说他是新来的门外汉，啥也不懂，背地里却将企业内部所有问题搜集起来，逐一研究。

经过长久的思考，郭士纳终于发现了这些问题背后共同的规律：企业管理太过松散。找到规律后，接下来的事情就好办了，在企业管理方面，郭士纳坚决采取了严格的铁腕政策，他勇敢地打破了企业内原有的等级划分，对于完不成任务的员工无论职务高低，一律严厉惩罚。在企业战略制定方面，郭士纳采取了“休克疗法”，想方设法削减成本的同时，进行了企业结构重组。在这一系列的手段下，郭士纳最终力挽狂澜，成功地扭转了 IBM 的颓势。

问题背后的规律对于问题的解决来说意义重大。人们思维的产生、发展、演变也具有一定的规律，遇到问题的时候，无须慌张，只要努力去挖掘问题背后的规律，我们便可以从已知推导未知，以现状推导未来，甚至迅速地熟悉起一个陌生的领域。

沃顿商学院思维课笔记：

事物背后自有其自然规律、社会规律和思维规律，明白了这一点，看待问题，就不能不看其背后的规律。

运用类比法则移植你的思维

类比思维指的是，人们可以运用已有的知识和经验，将面前不熟悉的问题与以往得到完美解决的问题进行类比，创造性地找出解决的方法。

威廉·德尔曼是美国俄勒冈大学体育系的一名教授，1972 年的一天中午，威廉·德尔曼教授的妻子正在忙着烹饪午餐，他在旁边帮忙打下手。突然，一个再寻常不过的情景完全吸引住了德尔曼教授的注意力，他发现，妻子正在用一种传统的带有一排排小方块的凹凸铁板烤饼。德尔曼教授的眼神很惊奇，他完全陷入自己的思考世界中去了。

等到饼终于烤好后，德尔曼教授尝了一块，发现既好吃又有弹性，不由兴奋地对妻子说，他想将这种方法运用到鞋的制作上。说干就干，谢尔曼教授立马将用来做鞋底的橡胶通过特殊手段像烤饼一样烤出了整齐的凹凸不平的小方格，并仔细地钉在鞋底上。他试了试这双刚改制好的新鞋，发现脚底板特别舒服，还很有弹性。后来，德尔曼教授根据这个方法创造出了一种特殊的运动鞋，于是在国际上颇负盛名的耐克牌运动鞋诞生了，它风靡了全世界。

运用类比的思维方法，威廉·德尔曼教授将做饼的巧方移植到了运动鞋的制作中，这才创造出了耐克这个经久不衰的品牌。在人类史上，基于类比思维所成就的划时代的发明比比皆是。比如说，吉列剃须刀的创意灵感来源于田地里的一位正拿着耙子修整农田的普通农民。当推销员金·坎普·吉列看到农田里的农民游刃有余地使用着耙子的时候，他的心中突然跳出了一个想法，他要设计出一款剃须刀来，让男人们将它拿在手中的时候，会感到贴心方便，运用自如。后来，吉列真的设计出了这款剃须刀，还创建了属于自己的吉列保安剃刀公司。

6.4 类比法

通过类比思维，人们从面包发酵的技术中得到灵感，设计出了海绵；人们从雪糕的制作技术中颇受启发，发明了冰淇淋。通过类比思维，人们将激光技术用于切割肿瘤、矫正近视、去除胎记，创下了一个个医疗奇迹；人们还将激光技术运用到建筑领域，这种技术不仅帮助人们精确测量距离，还使得建筑材料的切割、焊接愈发轻松起来。

当我们遭遇陌生问题的时候，不妨运用类比思维来解决面前的困境。沃顿商学院的专家教授强调，这种思维方式可以帮助打开思路，扩充视野，在种种类比的思想活动中发现更多的新价值、新经验。

美国的“垃圾债券之王”迈克尔·米尔肯是沃顿商学院的优秀毕业生之一。他曾多次表示，在沃顿商学院的学习经历是他一生中最不可思议的体验，在那里，他学会了如何去正确思考，去积极实践。在米尔肯的职业生涯中，他曾多次运用类比思维来突破困境，靠着这种思维方式，他一次次获得了成功。

1974年，美国国内的通货膨胀率和失业率暴增，信用紧缩严重。在那一段时期里，债券评级机构针对很多基金公司投资组合中的高回报债券的信用等级进行了调整，一夜之间，这些债券沦为了投资者眼中无法产生利润的垃圾。很多基金公司都急了，为了挽救基金的质量形象，这些公司纷纷抛售手中的垃圾债券，一时间人心惶惶。

米尔肯看到了这种情形，并没有顺应大流人云亦云，反而积极地调动类比思维反思起来。他想起了克莱斯勒汽车公司的现状，敏锐地发现了一个道理。在米尔肯看来，二战后的美国正在逐步完善监管措施，最直接的目的就是让克莱斯勒汽车公司这样的大公司不至于破产，毕竟如果这些公司破产或者拖欠债务，那些投资者便会损失惨重。克莱斯勒汽车公司的股票绝不会被终止交易，这样债券的信用等级越低，它违约后投资者的回报率便会越高。

想通了这个道理，米尔肯引领着人们购买起这种垃圾债券来，随着越来越多的人的跟风购买，这种垃圾债券反而成为一种投资产品，极其受欢迎。正在大家沉迷其中的时候，米尔肯又联想到，与其空等着那些坐拥垃圾债券的公司信用降级，不如转变方向，将目光投射在那些刚刚起步的信用等级不高的公司，毕竟这些公司债券的品质要好得多。

米尔肯很快便确定了下一步的目标。他开始为那些新兴公司或者是高风险公司包销高回报债券融资，生意越做越大，米尔肯也成为声名显赫的全美“垃圾债券大王”。1996年，他创建了知识寰宇公司，如今，这家公司已拥有十多家下属企业，年产值超过15亿美元。

人们若学会将两件毫无关联的事情进行比较的能力，就能够获得思维上的飞跃，这种类比思维堪称思维上的移植。在医学领域，若是成功进行了器官移植，甚至能够救人性命，而思想移植若能成功，也会起到不亚于器官移植的效果。我们如何去进行思想移植呢？这要求我们灵活地将某件事物最鲜明的特质、结构等因素，通过类比的过程，移植到另一件事物上去。当然，如果这只是思想中简单的复制、粘贴的话，这种思想移植便是失败的。只有在我们内心的知识储备足够丰富、对世界的认知足够清晰的时候，这种思想移植才能够创造出一个新的事物。

运用类比法进行的思维移植包括观念移植和原理移植两种，我们可以来简单分析一下。

一、观念移植指的是用新的观念去影响旧的观念。观念会对一个人的行为判断产生各种各样的影响，通过类比别的崭新的观念，深藏于你脑海里的那些旧的观念会因此产生激荡、更新和升级。

二、原理移植指的是将某一学科、领域内的原理、技术和方法移植到另一学科、领域内，在提供新的思路、新的眼界的同时对后者产生巨大的影响。

想象力是思维移植的基础，没有一个宏阔的想象能力和类比能力，这种思想移植不可能结出鲜美的果。类比这种逻辑思维方式有着很大的灵活性和多样性，英国的培根曾说过："类比联想支配发明"，少了这种思维方式，人类的天空中会少很多色彩和乐趣。

沃顿商学院思维课笔记：

在遭遇不熟悉的问题的时候，不妨运用类比思维来解决面前的困境。类比思维可以帮助打开思路，扩充视野，在种种类比的思想活动中发现更多的新价值、新经验。

特朗普是怎样炼成的？信息筛选是关键

在商学院界，沃顿商学院是当之无愧的世界首屈一指的金融和管理人才的摇篮。

相比其他商学院来说，沃顿商学院拥有的资深教授的人数最多，绝大部分的毕业生都成为了华尔街的精英人才或者世界顶级管理咨询公司的得力员工，另外一些沃顿的毕业生在政府部门或者工商企业中担任要职，还有的创建了属于自己的公司。

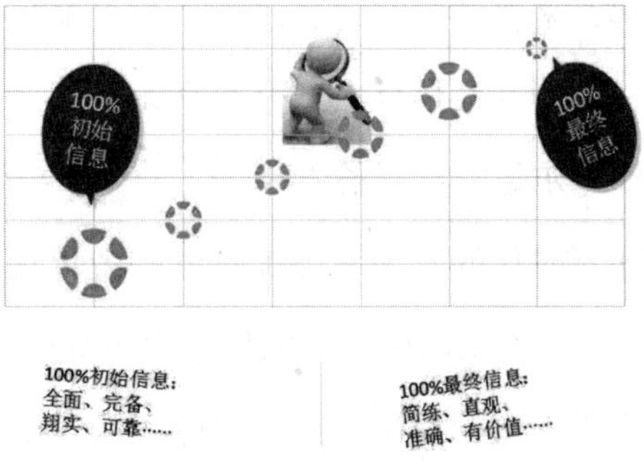

6.5 信息筛查

沃顿商学院培养了众多的亿万富翁，校友都是“股神”巴菲特、“垃圾债券之王”迈克尔·米尔肯、SAC Capital 投资公司创始人史蒂文·科恩之类的重量级的人物。沃顿商学院之所以能够取得如此重要的地位，与它别具一格而又深入人心的教育理念分不开。它极其重视培养学生们的逻辑思维能力，而沃顿商学院的思维逻辑课程一度火爆至极。

在外人看来，沃顿精英们总能够将问题分析得清清楚楚，解决起来亦是快刀斩乱麻似的轻松，让人羡慕不已。只有沃顿人才知道，这种能力源于他们完整严密的逻辑思维体系，更来源于不断的学习与积累。沃顿精英们的功夫都花在了私底下，在解决问题之前，他们总会做很多准备工作，搜集信息，筛选信息，这些必不可少的步骤成为推理、演绎的关键。

这是个高度信息化的时代，我们身边无时无刻不充盈着快要爆炸的信息。尤其在我们面对一个急需解决的问题的时候，那些看起来与问题息息相关的信息像砂砾一般推挤在我们的眼前，这时候，我们首先要做的是信息筛选工作，努力练就一双从这些砂砾中鉴别出珍珠的火眼金睛。

在以前的历史中，由于信息传播的渠道有限，信息传播的速度远远达不到人们的要求。人们如饥似渴地将信息全盘吸收，而不加以甄别分类。19世纪初，犹太富商罗斯柴尔德家族为了将欧洲政界、商界等重要领域的信息一网打尽，费心构筑了一个遍布整个西欧的庞大的信息网。罗斯才尔德家族的大本营在法兰克福，来自各国宫廷、议会、商人聚会上的各种各样的信息通过信息网蜂拥而至，虽然这些信息大部分都毫无用处，但仅那一小部分有价值的信息便能够让罗斯才尔德家族受益不菲。

随着时代的发展，传统媒体盛极转衰，互联网自媒体如火如荼地发展了起来，人们迎来了前所未有的信息大爆炸时代。随着能够接触到的信息越来越多，那些毫无价值的信息便成了阻碍人们进步、浪费人们时间和精力的东西，这时候，信息筛选工作便显得愈发重要起来。

特朗普是怎样炼成的？有人说：信息筛选是特朗普赢得美国大选的关键。唐纳德·特朗普堪称是沃顿商学院最大牌的校友之一，这位曾经的亿万富翁如今的美国总统的一举一动都能牢牢牵引住人们的目光。2015 年 6 月 17 日，特朗普宣布将参加总统大选。在这个过程中，特朗普本人对于信息甄选的能力得到了淋漓尽致的体现，他总能够从一堆烦琐的信息中精准地锁定目标，将它们淬炼成每一场激情昂扬的演讲中的闪光点，而这些闪光点同时也击中了很多美国民众的心。特朗普一路过关斩将，成功进入到了最后的角逐阶段。

2016 年 9 月 26 日晚，2016 年总统候选人第一场电视辩论宣布开始。作为共和党总统候选人的特朗普，此次的对手是民主党总统候选人希拉里。在一轮轮的辩论中，特朗普团队从纷杂的信息中抓住了美国民众心中的痛处，对它们重点关注，并一一拿出具体主张来表明自己的态度。

比如说，特朗普在经济上坚持的八大主张。一、货币政策和联储。特朗普曾多次抨击美联储的低利率政策会导致股市虚假繁荣，但低利率同时有利于长期融资。二、税收政策。关于这点，特朗普的核心信念便是大力减税。三、贸易全球化。特朗普反对自由贸易，称北美自由贸易协定是“史上最大的盗窃”。四、金融监管。特朗普建议废除《多德－弗兰克法案》，重新审视现有的监管政策。五、社保，医保。特朗普承诺，在不损害医疗保险的前提下最大限度地保障美国民众的社会福利。六、国家债务。特朗普在竞选造势活动中经常说：“我们有 19 万亿美元的债务，我们需要有人解决它。”对于这点，他总是信心十足的样子。七、边境墙和移民。特朗普总是强调，他要改革移民制度。八、基础设施建设。特朗普在造势活动中提出了一个大规模的设施投资计划。

毕业于沃顿商学院的特朗普显然有着缜密清晰的逻辑思维能力，他在竞选活动中一再强调的那些点恰到好处地砸中了很多美国民众的软肋，而这种总能够在最关键的时刻筛选出对自己最有用的信息的能力也最终帮助他在这场举世瞩目的竞争中取得了最后的胜利。

作为普通人的我们，又该从哪些方向切入信息的筛选工作呢？沃顿商学院的专家告诉我们，首先需要做的是，明确目的，确立方向。

第一步，我们需要明确的是自己目前的处境，知道自己最想要达到的目的是什么，明确了目的后，我们就会慢慢懂得哪些领域的信息有所帮助，哪些信息毫无价值。这便帮我们确立了寻找、筛选的大致方向。

做好了第一步后，我们可以来制定一个完整的信息搜集计划。沃顿商学院的商业精英们在工作的过程中，总会让所有的行动都以计划的形式展开，这会使他们的工作节奏分外地有条不紊，井然有序，也能够帮助他们省却不少麻烦，避开不少弯路。

第三步，搜集信息的时候不要流于表面，而要做到深入挖掘、广泛提取。想要从沙滩上找出珍珠，自然要费很多功夫。若是浅尝辄止，粗心大意，必然不会带来好的结果。足够深入和广泛的信息搜集工作才能够为我们带来很多极具参考价值的信息。

第四步，要培养自己捕捉信息的敏锐性。在这个高速发展的时代，信息也是千变万化的。平时，一定要多多关注对自己有用的信息动态，多多了解行业的发展和变化，不断地训练自己捕捉信息的敏锐性。

第五步，搜集信息的时候，注意建立多元化的信息渠道。沃顿商学院的商业精英们总能够将最有价值的信息掌握在手里，这是因为他们很注重建立多元化的信息渠道，这对于我们来说，很具借鉴意义。

信息的筛选工作是很烦琐的，需要耐心，需要用心。但它同时也十分重要而必要。真正有价值的信息往往掺杂在那些纷杂无用的信息里，如何从一团乱麻状的干扰因素中找出那些有价值的信息，值得我们去思索、去学习。沃顿商学院的商业精英们却最擅长信息筛选的工作，这是他们之所以如此成功的关键性因素之一。

沃顿商学院思维课笔记：

信息化时代，信息大爆炸的背景下，筛选信息的能力是保证思维正确的前提，同时也是推理、演绎的关键。

侧向思维：条条大路通罗马

100 多年前，奥地利有一个医生叫作恩布鲁格，他终日里冥思苦想，为一个医学问题苦恼了很长一段时间。这个困扰他的问题是：如何才能检查人体的胸腔积液。他想了各种各样的办法，做了很多次实验，但始终没有找到很好的方法。

有一天，恩布鲁格突然想到父亲每当想要测试桶内还有多少酒的时候，总是会用手敲一敲酒桶，根据声音来做判断。恩布鲁格想得出神：人的胸腔和酒桶不是很相似吗？如果采用敲击的方式来探测胸腔里的积液，搞不好也能成功。就这样，叩诊的方法由此问世。

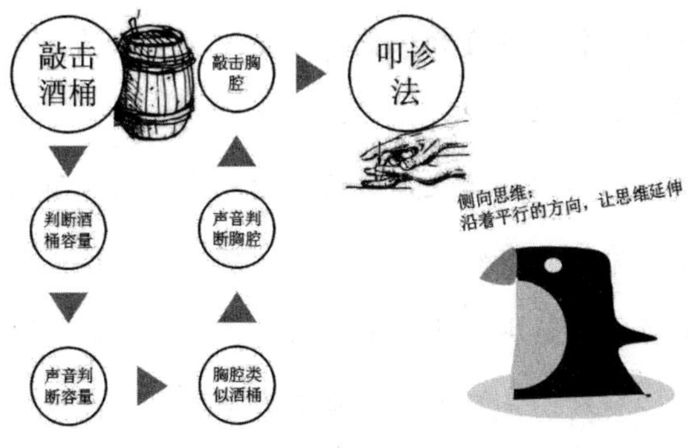

6.6 侧向思维

世界上万事万物间都有

着既定的联系，如若采用侧向思维，曲线救国般地找出两个看似毫不相关的事物间的联系，说不定能够取得重大的突破。想要打破思维定式，不妨多训练侧向思维的技巧，掌握条条大路通罗马的精髓。

遇到问题的时候，你习惯运用正向思维，直视问题锋芒，正面解决它。但正向思维并不是任何时候都好用的，一旦遇到障碍，你就会卡在那里。这时，侧向思维却能够帮助你绕过障碍，避开问题的锋芒，曲径通幽般迅速地到达目的地。

思维僵化的人想问题不懂变通，懂得运用侧向思维的人却总能够在复杂的事实面前找到一条最容易攀登的捷径。

沃顿商学院的本·卡泽尔教授一直提倡在MBA教育中引入逻辑学这堂课，他认为在商业世界内，掌握逻辑思维是一件非常重要的事情。在一次到东京的讲座中，本·卡泽尔教授用了差不多1个小时的时间跟日本的商界人士谈论逻辑，并在当场指出，日本商界最缺乏的就是侧向思考的能力。

“一直以来，日本人都是以坚定、专注、责任感著称的，但也正因为这样，日本商业人士在思考的时候多是一以贯之，少了很多变通，这让大部分日本商业人士无法掌握侧向思维的精髓。”

本·卡泽尔教授举了一个例子，20世纪60年代，日本制造业就已经领先于全世界了，当时因为政治问题日本无法生产大型客机，于是转而研发直升机技术。但日本直升机技术始终没有突破的瓶颈是如何才能克服飞机顶上旋转桨产生的反扭矩。

这个问题后来是俄裔美国人西科斯基解决的，他的思考方式很特别，就是在观察了竹蜻蜓的原理之后，别出心裁地设计出了一个尾桨，用这样一个附加装置成功解决了反扭矩的问题，使得世界上第一架实用的直升机由此诞生。

竹蜻蜓是日本的儿童玩具（其实不仅仅是日本，亚洲人都在玩），但日本人自己却没有发现它和直升机技术有什么互通的地方，这就是不懂得侧向思维的缘故。

侧向思维主要包括侧向移入、侧向转换、侧向移出这三种应用方法。

侧向移入指的是摆脱固有的思维习惯，跳出固定的范围与领域，将目标瞄准其他方向；或者受到其他版块事物的特征、属性、机理等因素的启发，从而转变思考问题的模式；或者干脆将其他版块成熟的技术、方法移入自己的领域，加以利用。

侧向转换，指的是不按照常规思维来看待问题，而是转换角度重新审视问题；抑或转换解决问题的方向，以另一种更好的方式解决问题。

有个人想要过一条大河，河边有好几条船，他不知道谁的更安全，于是问道："请问你们哪位的船最安全？"

船夫们有的说："我水性十分好，坐我的船安全，你还是坐我的船吧！"有的说："我的船结实无比，坐着也舒服，我看你还是坐我的船比较靠谱！"

这个人思考了一会儿，问道："请问你们当中有谁的水性不好？"

一个憨厚的船夫红着脸说："我不太会游泳！"

这人一听便高兴地跳上了这个船夫的船，还吩咐他赶紧开船。

这个年轻人看待问题的方式与众不同，他认为，作为一个船夫却不会游泳，一定十分自信自己划船的技术，而且他不会游泳，划起船来肯定会格外小心，坐这位船夫的船一定比坐别的船更安全。这种思维方式就是典型的侧向转换法。

侧向移出指的是一种跳出现有领域来进行思考的方式，即将客观存在的设想、技术、产品等从原先的领域中摘取开来，并将其运用到其他领域中去。

使用侧向思维解决问题的时候，记得要充分打开思维，特别留心一些看起来微不足道、表面上与问题毫无联系的现象，平时生活中注意观察，提醒自己不要落入惯性思维的窠臼。

拉链的发明过程就是完美的侧向思维移出的案例。一个叫作贾德森的人为了解决系鞋带的烦恼，成功发明了拉链，并在1905年获得了专利权。后来，一个叫作霍克的军官注意到了这项特殊的发明，他摩拳擦掌，决定专门建厂生产拉链。但是拉链的批量生产问题却叫霍克犯了难，他前后一共历经了19年，才成功研制出拉链机，可是当时几乎没有一个人使用拉链代替鞋带，霍克付出了种种努力，却仍然卖不出他生产的拉链。

后来，一个服装店的老板在了解到拉链的时候，却打开了思路，他聪明地想到，拉链虽然不能代替鞋带，为何不将其运用到生活中的其他方面呢？随后，他生产出了带拉链的钱包，一时间掀起了销量狂潮，也成功赚了一大笔钱。随着时间的发展，拉链在生活中的运用越来越普遍，被誉为“影响现代文明的十项最重要的发明之一”。

沃顿商学院思维课笔记：

侧向思维是利用其他领域里的知识和资讯，从侧向迂回地解决问题的一种思维方式。它是思维发散的一种形式，这种思维要沿着正向思维旁侧开拓出一条新的思路。

逆向思维：反其道而思之

在一些特殊的时刻，有些事在以正常的思维想不到解决之道的时候，我们就需要用到逆向思维去解决问题。这种另辟蹊径的方式在某些时候能给我们的事业带来意外的收获。

在英国伦敦，一条著名的街道上有三家裁缝店。为了让自己的生意更加红火，三家裁缝店争先恐后在店铺门口立起广告牌，吸引行人注意。其中一家最先立起一块醒目的广告牌，上面赫然写着“伦敦最好的裁缝就在本店”。另一家唯恐落后，马上挂出一块同样吸引人的广告牌，上写“全英国最好的裁缝在本店”。正当人们为第三家裁缝店的广告语争执不休的时候，第三家裁缝店的老板运用逆向思维，没有继续往大了吹，而是挂出一块看似普通又非常绝妙的广告牌：“这条街最好的裁缝在本店”。广告牌上朴实自信的内容受到人们的交口称赞，第三家店的生意也更加红火。

逆向思维的故事也同样发生在摄影师身上。一个摄影师整天愁眉苦脸：我每次拍集体照的效果都不甚理想。有人睁眼，有人在闭眼。拿到照片后那些闭着眼睛的自然不高兴，认为自己分明九成以上的时间都使劲睁大眼睛，你为什么偏偏拍下来我一副没精打采的样子？分明就是对我形象的歪曲！

原来，摄影师每次拍集体照时，大家往往都在等摄影师喊：“一！二！三！”他们努力想要保持住自己睁着眼睛的样子，却总是到了“三”字上再也坚持不住了，轻轻地一眨眼却留下了闭眼的照片。

这位摄影师苦思冥想，换了个方法。他请合照的人们全闭上眼，听他的口令，同样是喊：“一！二！三！”这次他要求大家在“三”字上一齐睁眼。果然，照片冲洗出来一看，一个闭眼的也没有，每个人都显得神采奕奕。大家皆大欢喜。

劳伦斯是一名图书编辑。这天，一名图书发行商来出版社，要一批劳伦斯编辑的书。发行部领导要劳伦斯过去介绍这本书的卖点。劳伦斯还没有介绍几句话，那位年轻气盛、满脸不耐烦的商人没搞清楚劳伦斯是编辑人员，以为他是一名新入行的发行人员。于是生气地说：“像你这么糟糕的发行人员，还敢向我推销书？”

不少人遇到这类情况可能会生气，可能会辩解，也可能会重新组织语言宣传自己的书。而劳伦斯沉吟了一下，想到一个主意。他微笑着对那位商人说：“是的，别人说只有糟糕的发行员，没有糟糕的书。像你这么优秀的商人，一定知道如何宣传推销好这本书吧！”

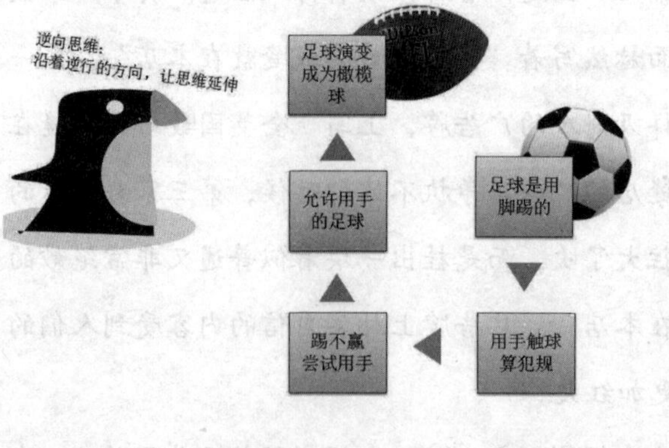

6.7 逆向思维

看见劳伦斯一副虚心请教的样子，那名年轻的商人一高兴就拿起书，一页一页研究起来，不停地寻找那本书的优点，并且开始教劳伦斯要先说什么后说什么……商人讲了一会儿，发现自己上当了：“哎！

这是你的问题，怎么变成我的问题了呢？你很有前途，来我的公司做事吧！”原本应当给对方推销书，却变成发行商自己发掘书的卖点了。这就是逆向思维的魅力。

沃顿商学院的教授曾给学生们提出了这样一个问题供课堂讨论：

有个喜欢赖账的人向你借了五万美金。你们约定好一年后连本带息奉还，但是一年到期后，对方完全没提起过。他万一不还了，怎么办呢？你们曾经立下字据，但你的那张遗失了。向他要吧，可能会有一定的风险。这时候你该怎么办？

一名思维灵活的同学运用了逆向思维法，提出了这样一个方法：给那个朋友发一封电子邮件：“尊敬的 ×× 先生，一年前你向我借了 10 万元，现在我手头有点紧，急需钱用，您能尽快把钱还给我吗？”第二天，对方很快回信：“很感谢您借钱给我，我一定会及时还给你的。但是，我想你是不是记错了，当时你借给我的是 5 万元。”而且随信还附了一份借据的拍摄图片。

有了借据，就完全不用担心对方不归还了。

世界首富比尔·盖茨说：“人与人之间的区别，主要是脖子以上的区别——思维方式决定一切！”应用逆向思维，经常将问题倒过来想，也许你会发现，其实生活中没有那么多解决不了的问题和烦恼。

在残酷的职场，在与对手周旋或面对难题时，常会自然想出一连串的解决之道，而最有实际效果的，总是与通常方法不相同甚至相反的办法。其实，这个道理也很简单。我们使用的方法越普通，对方拿出的应对策略就越容易；我们用逆向思维采用与别人完全不同的办法，对方找到有效应对方式的难度则会增加得更大。所以，逆向思维常会给我们带来更多益处。

美国一家知名汽车公司，因一位高阶主管的错误判断，损失了 1000 万美元。高阶主管引咎辞职，总裁说：“我才刚刚花了 1000 万美元训练你，怎么可以轻易让你走？”这位主管当即表示一定会更努力地为公司效命。

汉库克是一名保险公司的总经理，毕业于沃顿商学院。这天，保险公司的总裁在巡视公司，发现一位员工坐在窗户前发呆很久。他当即向总经理汉库克询问原因，汉库克汇报说：“我们公司八九成的创意，都是这位员工在窗前发呆时想出来的。”

谁说职场犯错一定不可原谅？上班发呆一定意味着效益不彰？相处不和的人就一定会影响工作进度？个性显著的人就等同对公司毫无贡献？许多事情不是真正的坏事，而是另一个角度上的好事。

沃顿商学院里流传着“狗与猫永远做不了朋友”的小故事。狗高兴时会张大眼睛，生气时会眯起眼睛。猫恰恰与狗相反，眯眼时代表喜悦，圆睁着眼十足表示不满。狗与猫永远站在自己的角度去理解对方，自然永远也达不到一致。

作为职场人，应尝试不断作心态的改变，不断去尝试减少敌意，向周围多释放善意，让对方成为自身内省的一面镜子。

平常的思维，只能让我们成为平常的人；不平常的思维，才能让我们做成不平常的事，进而造就不平常的人。

沃顿商学院思维课笔记：

逆向思维是商业领域里常用到的一种思维方式，可以从困顿中看到机遇，可以在艰苦时创造机会，反其道而行之，可能会为思考问题带来新的思路。

检视逻辑，寻找思维漏洞

第七堂课

“你以为的”不是真的

在成长的过程中，人们逐渐形成了一套完整的思维定式，那些被认为是确定无疑的、无可辩驳的事情慢慢在我们的认知里演变成了千真万确的事实。因为这套思维定式，我们从不去怀疑那些事实的正确性。如果有人来告诉你“1 + 1”其实不等于 2，你一定很难接受对方的观点。但实际上，那些你以为的事实并不一定就是真的。

马克·威廉曾就读于沃顿商学院，毕业之后，他开了自己的商业服务机构，一次在为一家清洁能源公司做市场调研的时候，因为一套古板、僵硬的思维方式，威廉差点为自己的职业生涯蒙上污点。

那时候，每当威廉在思考问题的时候总忍不住拿出一条试验过多次的思维准则作为衡量的标准，并以这条准则为基础，来判断、得出最后的结论。谁知竟屡屡失误。

几天后，威廉终于认识到了问题所在，他试着跳出这套准则，用新的眼光、思维来判断目前正在发生的事情。他这才惊讶地发现，因为那条准则的误导，他正向着错误的方向“策马疾驰”。威廉立刻改变了自己思考问题的方式，他最终为那家公司解决了困扰多时的问题，也成功地挽回了自己的声誉。

没有对思维的谨慎验证、检索，就这样理所当然地想问题，是很多人都会犯的毛病。在学习中，每一门学科都存在着一整套约定俗成的定理和准则，在人们的观念中，这套准则的正确性不容置疑。在工作中，总有一套老生常谈的经验等待着新人们来膜拜、来吸收、来学习。在生活中，我们总会被教导各种条条框框，来规范我们思考的方式。

我们确实学到了很多有用的经验，却也同时被扼杀了独立思考的天赋。这些事实可能会告诉我们，“三角形是最稳定的状态”“两个偶数之和还是偶数”；可能会告诉我们，“严重的通货膨胀时期，黄金是最值得购买的保值商品”；可能会告诉我们“人类等级之分牢不可破，自出生起就已经决定”。是的，这些事实有对有错，那些“你以为的”事情并不一定就是正确的。

为什么我们总是依附思维定式来思考问题呢？有事实做依据的好处是，我们相当于站在巨人的肩膀上去寻找线索、去撬动真相，这样的事实相当于我们手里的一根杠杆。但若想让这根杠杆发挥预期效果，你首先得保证它的正确性。有时候，你所信赖的事实根本不存在，或者根本是个错误、虚假的信息，你那一整套判断和猜想，你之前所做的种种努力，也就随之坍塌。

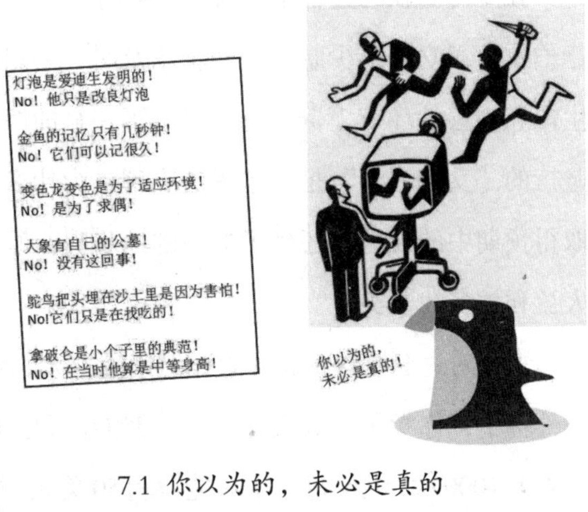

7.1 你以为的，未必是真的

在商业领域，这样的事情屡见不鲜。所谓失之毫厘，谬之千里，有的企业会特意将一个虚假信息提供给竞争对手，对方若将它当作事实，思维就会被带偏，乃至做出种种荒唐的决策。想要解决避免这个问题，就得突破思维定式，养成敢于质疑的好习惯。

沃尔玛公司流传着一个著名的女裤理论，对于营销界来说，女裤理论曾经是一个不容置喙的事实。当初，一名登记员在对手头的一批女裤进行价格标记的时候，犯了一个小差错，最后却凭着这个小差错带来了巨大的收益，这就是女裤理论的由来。原来，这名登记员在为女裤标记价格的时候，不小心少写了1美元，事后却发现，这批女裤的销售量比平时多出3倍。总公司非但没有亏损，还狠狠地赚了一笔。这以后，薄利多销的女裤理论被商界人士奉为真理。

做橡胶制品生意的德伯雷公司却差点被这套女裤理论所坑害。德伯雷公司为了抢占东欧市场，在一开始便采取了女裤理论，不到半年，公司便出现了很大的问题。财务在清算收支的时候发现，表面上，德伯雷公司的市场份额正在不断扩大，实际上，公司的资金链却已经出现了断裂的迹象。德伯雷公司采取薄利多销的方式虽然对市场的扩张很有帮助，却也同时带来了产品利润被过度压榨、回款时间长的问题。

在等待回款的过程中，东欧各国的汇率随时都会发生波动，因为汇率问题，德伯雷公司吃了不少暗亏。回款不及时，公司还得源源不断地拿出资金投入到生产和销售的环节，资金链已经到了一触即溃的地步。德伯雷公司从一开始就坚持的“女裤理念”是营销界的真理，为什么依照着这套理论，公司非但没有取得预期中的收益，还到了崩溃的地步呢？原因就在于人们错误地迷信销量越大盈利越多的事实。

人们对这套真理深信不疑，但销量越大，利润真的会越多吗？这令人质疑。一件裤子，你卖了100次，每一次都能盈利100美元，收益不错。但你若能将它卖上1000次，纵使每一次只能盈利50美元，加起来的总数也比只卖100次多。照这样说，似乎女裤理论真的很有道理。

实际上，事实远非如此。如果你卖上1000次，每一次只能收益5美元，再刨去销售环节中必要的支出，你卖得越多，反而越会吃亏。德伯雷公司正因犯了这样的错误，才会遭遇滑铁卢式的失败。

沃顿商学院逻辑思维课告诉我们，在看待问题、分析问题和解决问题的时候，千万不能从你的主观意识出发，“你以为的”就一定是事实吗？不要太坚信自己内心早已认定的一些事情，你要知道，这个世界瞬息万变，某些事情即使真的是事实，下一秒可能就变成虚伪或不存在。你要随时更新自己的观念，不要固执地死守着老一套不肯改变。

如果你的立足点是所谓的“我以为”“我认为”，就要做好失败的准备。太过执着、自信的人总容易陷入各种各样的逻辑谬误。随时让你的大脑接受新思想，随时改变自己看待问题的角度，才能建立起缜密、严实的逻辑思维。选择从客观实际出发，还是以主观臆测为立足点，全在于你自己。而逻辑思考的必经途径一定是经验验证的客观事实，在这个基础上，盲目相信自己肯定不是一件好事。

沃顿商学院思维课笔记：

把“自己认为是真的”想当然地认为是正确的，这种思维漏洞如果不避免，思考的客观性和公正性就无从谈起，思考的结论也就不可避免地会出错。

专家说的未必是对的

对于深陷泥潭的商业人士而言，沃顿商学院无疑是最值得信赖的专家。只要能够帮助解决难题，花费再多的金钱也值得。作为沃顿商学院的商业精英，他们却从不轻易相信权威。每一名沃顿商学院商业精英为了能够给服务的企业提出建设性的意见，他们会不断地收集相关信息和资料，并在一次又一次的实践中锻炼、强大自身逻辑思维能力和解决问题的能力。

7.2 起因归谬

尽管沃顿商业精英相信的很多理论和解题工具都来自于企业管理专家及商业大亨们的研究和总结，但这一切都建立在事实的基础上。沃顿商学院团队上下都信奉一个原则：一切依归于事实。他们从不盲目相信权威，他们将永远站在客观事实这一边。所以说，沃顿商业精英与普通人最大的区别在于：既不崇拜自我，也不迷信权威。

普通人站在所谓的权威面前，总会心生崇敬之情，仿佛不由自主。权威对于他们而言，意味着百分之百的可靠，他们也愿意将全部的信任一股脑儿地倾泻在权威身上。权威说什么，信什么；权威做什么，便一窝蜂地去模仿。从逻辑思维的角度而言，这种想法大错特错，你若将它付诸行动，便会逐渐失去独立思考的能力。

逻辑学中存在一个致命漏洞，被人们称为“起因归谬”。在逻辑思考中，我们经常会犯这样的错误：根据一件事物的本源事实轻易推断出此事实当前的信息，并坚信这个信息的正确性，这便是“起因归谬”的定义。很多人对冬天吃西瓜这件事接受不了，他们认为西瓜在夏天瓜熟蒂落，只能在夏天吃，不能在冬天吃。这无疑是一种过于偏激的想法，亦是起因归谬的有力印证。

食品安全领域的专家约翰·布利法博士曾在著名杂志《食品观察家月刊》上发表了一篇文章，其中提到：人们吃了原本用来供应给小奶牛的奶，就此引发了一系列健康问题。这篇文章一问世，便掀起了轩然大波。普通民众对约翰·布利法博士的话深信不疑，并将人类的鼻塞、鼻窦炎、湿疹等病症都归结到了牛奶上。

直到相关人士出来辟谣，这场风波才逐渐平息下来。事实上，人喝了牛奶，非但不会生病，还能强身健体。按照约翰·布利法博士的说法，人类应该不吃不喝才对，因为万事万物都不是为了变成人类的食材才来到这个世界上的。

一件事情有着怎样的起源，与它之后的用途，关系不会太大。用事物的本源来评测事物的发展，这种典型的“伪专家”思维，实在是要不得。举个例子来说，拉丁文中的“贵族”一词便是英文中“慷慨”这个单词的前身。可能是因为那时候的贵族总是那么大方豪爽，到了今天，“慷慨”却不单单只用来形容“贵族”了。它的含义越发丰富，指代对象的范畴也越来越广。

一个事情的起源，当然与事物本身有着丝丝缕缕牵扯不断的联系。但是以起源来评断一切，就显得过于莽撞与粗鲁了。这便是起因谬误的由来。

有时候，我们太过迷信专家的力量，是因为我们上了起因谬误的当。事物的起源给了人们一个先入为主的印象，而这足以扰乱人们的判断。一句话若是出自一个臭名昭著的杀人犯之口，恐怕没有人会轻易相信。若是这句话从一个颇有声望的专家嘴里说出来，却会受到追捧和信任。

我们总会选择相信某领域内的权威，当他们提出某观点的时候，我们下意识的反应一定是赞同、夸奖。我们会毫不犹豫地加入权威的阵营，为他们摇旗呐喊。敢于公开质疑专家公信力的人也有，但是少，大部分普通民众都是盲目的追随者。

想要破除起因归谬，必须做到以下两点：

一、有意识地忽略事情的起因、本源，独立思考后得出客观评价。

起因归谬本质上是起因影响结论的一个思维漏洞，如果我们在接受信息的时候，人为地忽视其起因和本源，有利于保持清晰的头脑和判断力。沃顿商业精英在为各种企业做咨询顾问的时候，从不会因为某本书里记载了一个结论，而去轻易地下定义、做决策，也许他们会引用权威专家的论述，却也会反复考证其正确性。

二、小心求教，大胆考证，用事实验证一切。

当我们为了一件事情的起因而对其现在的状况难以做出清晰判断的时候，不妨将事情的起因抛至一边，用事实来为我们解答疑惑。奶牛的奶是给小奶牛喝的，那人喝了有没有害处呢？圈定几百、几千人为实验对象，收集资料，看看真实的情况是怎样的，答案自然能够水落石出。在解决商业问题的时候，若是怀疑理论工具的可靠性，不妨用事实给出验证。

逻辑学中，同样存在着一种明显的谬论，被称为“诉诸权威”。当人们过度迷信专家、权威说的话，而对基本的逻辑、证据视而不见的时候，无疑是上了诉诸权威的当。在很多人心中，专家们的话值得被全心全意地信任。在这种情况下，盲目崇拜专家，滥用权威之类的事也就见怪不怪了。

一名沃顿商学院出身的教授，曾经在公开场合分享自己在沃顿商学院求学和任教时的经验。

这位教授说，沃顿商学院最重视的首先是对学生独立思考能力的培养，在多年的实践中，沃顿商学院逐步形成了一整套培养系统。

沃顿商学院会尽力挖掘学生的最大潜能，沃顿商学院为每一名学生都配备了一名导师，导师们以引导学生的独立思考精神的方式来帮助学生做项目，并同时着重培养他们的质疑精神。

沃顿商学院里面有来自于行业里的顶尖人才，在这样一个教学团队面前，学生们不免会觉得心虚。尽管一个教学组织里面的学生与老师相差悬殊，但在具体的问题上，沃顿商学院却保证让学生们畅所欲言，要求他们坚持自己的立场。

沃顿商学院绝不希望学生们屈服于顶尖学者的观点，如果一些学生能够在课堂上提出更好的观点，不仅不会被忽视，反而会受到奖励。这一切都是为了激发学生的灵感和创造力。

专家的话即使有极强的借鉴意义，也不该被全盘接受。将专家的话尊为圣旨的人，无疑是十分可笑的。沃顿商业精英向来尊崇有着独立思考能力的人才，他们努力将自己变成领域内的专家，却从不迷信专家的话。专家说的未必都是对的，如果你一言一行都依照着专家的话来要求自己，你的路将越走越窄。

沃顿商学院思维课笔记：

如果把权威人士的说法不加以思考就当作是正确的，那么今天太阳还围绕着地球在旋转，思维的前进就是要挑战权威，客观性思维就是要有质疑精神。

没有事实做支撑是不可信的

腓特烈是历史上著名的铁腕皇帝，他曾给后人留下一句十分有意思的话："如果你喜欢什么东西，别多说什么，将它抢过来。你的辩护律师会为你找到最合适的理由。"

仔细剖析这句话，我们会发现这样的逻辑：如果你认为自己的立场是正确的，就一定要死守住阵地，你总会为你的立场找到合适的理由。

这个逻辑是值得信赖的吗？不一定。某些时候，它甚至可以称得上是一种强盗逻辑。尽管你为你自己找到了开脱的理由，并成功获取了一些人的拥护，它却不一定能够站稳脚跟，没有事实做支撑，它始终是不可信的。

一加一等于三？面对这个问题，你也许会说："开什么玩笑，这不是胡说八道吗？"但若抱来一只公猫，一只母猫，一只小猫，你却会变得哑口无言，这不就典型的"一加一等于三"吗？可见，若没有事实做支撑，再可信的话也没有人相信；若能列举出事实，再无稽的话，也能站稳脚跟。

逻辑思维的基础一定是事实，没有事实做支撑，你的逻辑再华丽，你的言辞再动人，也不值得信赖。一个造假高手通常擅长编纂各种各样的故事，因为他口中的话大部分都是谎话，但无论他说得多逼真，你也能从一些细节中找到逻辑上的漏洞，因为他的话并没有客观事实做支撑，你只要仔细倾听，总能找出其中自相矛盾的、与现实相违背的点，这时候想要一举揭开他的谎言就是很简单的事情了。

感性思维和理性思维是人的思维的两种方式，其中寻求喜欢的方式达到目的的行为被称为感性，寻求直接、有效的方法达到目的的行为被称为理性。按照定义看来，貌似理性思维更依赖于事实，而感性思维更偏向于主观情感。实际上，不管是感情思维还是理性思维，都得运用事实来做支撑，才能无限接近问题的核心。

推理、假设是逻辑思维中无比重要的方法，它必须以科学原理和事实为依据。不以事实为支撑的天马行空式的推理只会将人们引入弯路，诱导人们做出错误的结论。提出假设、推理真相必须要从客观事实出发，不能凭着一己好恶天马行空地胡思乱想。

而批判性思维更是要从事实出发，以真实情况作为参考，进行洞察、分析和评估，力求论点论据公平公正、不偏不倚。如果你将事实抛到一边，以主观情绪为立足点，你的逻辑从一开始就站不住脚。

一个人无论对于自己那一套逻辑思维有多自信，它也得去经受现实的检验。不管你的见解多么独到新颖、精彩绝伦，只要它不符合事实，你就得去接受别人的质疑和批评，并及时认清事实，修正自己的思维，改变自己思考的方式。

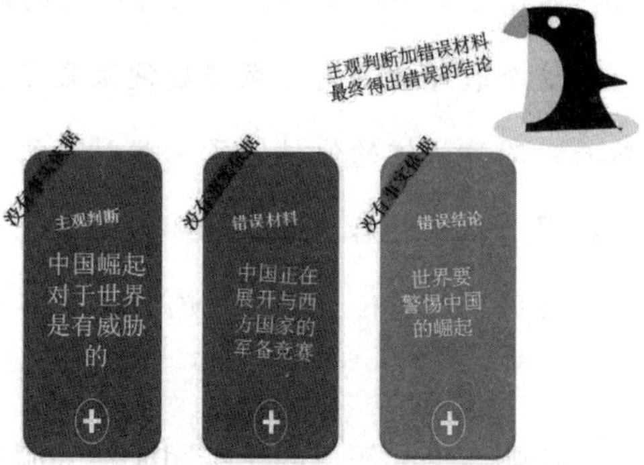

7.3 事实是支撑判断的标准

想要成功说服别人，想要得到别人的信任，一定要从事实出发，围绕着事实来建立一套完整的思维模式。现实是“因”，我们思考后得出的结论是“果”，当事实呈现在那里的时候，我们才能进行具体的思考和合理的想象推理，这样的思路才是最正确的。

在沃顿商业精英看来，想要解决问题，就必须遵从事实。当公司内部团队接到一个项目后，团队成员们会在第一时间内将项目资料收集完备，并针对这些资料进行梳理研究，将无可辩驳的事实一条条列举清楚。这一切都是在为第一次团队会做准备，掌握了这些事实资料，他们才能分析问题产生的背景、发展的过程和趋势，并做出有效的预测。

一位沃顿商学院资深教师说：“只要成为沃顿商学院的一分子，便要掌握搜集和分析事实的能力，这也是你存在的理由。”这位教师之所以有这样深刻的感悟，是因为他职业生涯中的某次经历。

沃顿商学院的教师都会在校外负责一些咨询工作，他也不例外。他曾经负责一家保险公司大单项目的跟进和审核，有一天，他突然想到，恢复客户利润率方法其实是在减少漏出。他说的漏出，指的是没有经过金额理算就支付赔款的行为。他在保险公司方面提出了这个看法，对方却对他的观点表示怀疑。

这位教师为了证明自己观点的正确性，特意派出自己顾问团队中的一名下属，去针对过去三年中人寿保险索赔的漏出率进行计算。下属为了完成这项工作，搜集了大量的案例，在经过缜密的计算和统计后，得出了一系列数据。

这个教师看到这些数据后便皱紧了眉头，这些漏出率远远少于他的估计。然而，不甘认错的他挑选了一些对自己的观点十分有利的数据并将它上呈给保险公司。在那之后，这位老师内心深受煎熬，经过一番思考，他终于决定，对保险公司承认错误，交代自己的观点缺乏真实事实的支撑。

沃顿商学院派出的学生团队在为服务企业做商业咨询的时候，为什么会如此重视事实的力量呢？原因有两点。

首先，在沃顿商学院的教学理念中，遵循事实的观念能够让一个团队的成员们抛弃主观，变得更虚心、更诚恳。

所有人都认为，沃顿商学院里面走出的每一位学生都算得上商业精英，他们几乎都是商业通才，凭着知识修养、见识或者实践经验，他们对每项领域都有着或深或浅的了解。但是即便如此，在某些不擅长的领域，他们还是比不上专业人士。但正是因着那一丝丝的了解，商业精英们可能会产生某种优越感，他们可能会因此变得主观，不够虚心诚恳。培养他们时刻以事实为核心的观念，便是在阻止这一点发生。

其次，遵循事实的态度更为沃顿商学院的精英们获取了更多的信任。

沃顿商学院的学生们在实战过程中，会逐渐明白事实的重要性。在任何时刻，他们绝不回避事实，绝不惧怕事实，反而主动寻找事实，并合理地利用事实。这是沃顿商学院的优良传统，在他们看来，事实是基础，且最有用。因着这种态度，客户们对于沃顿商学院团队会给予完全的信任。他们相信诚恳、经验丰富的沃顿商业精英会带领着他们跨越一次又一次难关。

沃顿商学院思维课笔记：

所有的思考必须从事实出发，建立在虚假事实上的思考不是不可以，但也必须经过事实来验证，否则思考的结论就是不可信的。

让人麻痹的思维惰性

什么是思维惰性？2002 年诺贝尔经济学奖得主丹尼尔·卡内曼学者给出了精辟的答案。他说，人的思维有快慢之分，大多数人拥有快的思维，所谓一念万千，可能一眨眼间脑中便已转过无数个念头。但正因为快，所以容易出错。一些人拥有慢的思维。虽然慢，却缜密强大，毫无破绽，不易被击垮，不易被攻破。正因为慢，所以不容易出错。

丹尼尔·卡内曼学者是以色列人，他擅长研究人的各种思维和行动，经过多年的钻研，他得出了以上结论。同时，卡内曼认为，人类之所以形成了那种快的容易出错的思维，是因为思维犯了懒病，简称为思维惰性。当复杂的现实扑面而来的时候，人们潜意识里会抗拒分析、思考的过程，因着一种惰性，他们会在第一时间给出一个浅显的结论，而这个结论通常是错误的。

只看表面现象、只凭第一感觉便下结论的人通常被人认为是任性、无知、目光短浅的代表，实际上他们并不笨，他们只是懒而已。

有一位毕业于沃顿商学院的企业咨询工作者，受某家企业委托为其一项新产品做市场调研。在看过一些资料之后，他着手开始了调研工作。首先，他将用户群体分为四大类，并依次为这来自不同阶层的四种用户群体画像注释，之后还安排了一些市场活动。结果他发现，新产品在这四类用户群体那里并没有得到很好的反馈。针对这个结果，他思考起了新产品的包装与定位等问题，完全没有想到，自己正越跑越偏。

问题出在他一开始对于用户的划分与画像上，而不在于产品的包装与定位。他对于目标群体的了解并不够深刻，之后的划分与画像也仅仅只依靠着自己的经验和直觉，其间有诸多失误。这些失误使得他并没有收到正确的用户反馈数据。

这位不成熟的沃顿商学院咨询顾问之所以会犯下这样的错误，原因就在于他犯了思维惰性的错误。他从一开始的时候，就有意无意地绕过了艰难的调研阶段，一意孤行地让思维朝着自己认定的方向去展开，完全没有进行过详细的反思与取证。如果他肯花功夫好好想一想自己正在进行的方向，也许还能及时止损，不至于在错误的方向越走越远。

某些时刻，思维惯性会变成思维惰性的一种形式。不管发生了什么问题，你都会用一套思维来做评断、下定义，丝毫不管你的那套思维惯性是否适合现场的情况。人们不可能用一种药治那么多种病症，你也不能用一套思维来思考所有事情。思维惰性对于我们的影响十分大，一不留神，你就会中了思维惰性的招。小心思维惰性，小心在最简单的问题上犯错。

丹尼尔·卡内曼在思维惰性上做了诸多研究，他曾做过一个实验来验证思维惰性的危害性。他在全美各地的学校开展了一则数学运算，问题如下：

如果一支网球拍和一个网球加起来一共需要支付 1.1 美元，网球拍比网球要贵 1 美元，那么一个网球需要多少钱？

毫无疑问，这个问题十分简单，很多学生看到这个问题后，立马写下了一个答案：10 美分。卡内曼看到学生们的回答后，摇摇头，说道：“你们错了。”接着，他给出了正确的答案。

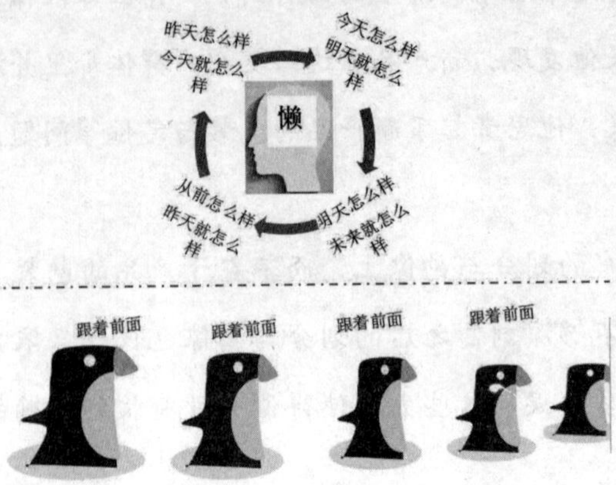

7.4 思维惰性

如果网球需要花费 10 美分的话，加上网球拍，你需要花 1.2 美元。所以，正确的答案是：5 美分。

这道算术题很难吗？不，它很简单。只是它比一般的题目多了一重迷惑性。如果你凭借第一直觉去解题，你只能获得一个错误的答案。相反，如果你能在写下答案之前多动动脑子，多思考思考，你就能顺利绕过陷阱，找到正确的答案。

我们在学习或者工作中，经常能够遇见一些显而易见的小陷阱，想要发现它们、绕过它们，一点儿都不难，但奇怪的是，人们却前赴后继地掉落陷阱中。如果你将自己完完全全地交付给直觉，你就会得到一个直觉的答案。如果你能花几秒钟验证一下答案的正确性，你便能成功避开思维的漏洞。

思维惰性对于每个人的人生来说，都有着极其强大的破坏力。需要明确的是，它与智商毫无关系。思维惰性并不是笨人、蠢人的专利，有的人天资不俗，聪明机智，却因着思维惰性，白白丧失了很多机会。因为他们过于自信，过于依赖经验和直觉。

卡内曼为了证明思维惰性与智商毫无关系，接连在哈佛大学、普林斯顿大学做过实验，他给那些绝顶聪明的名校大学生们出了相同的数学题，规定他们尽快给出答案，结果超过一半的人被迷惑，犯了和小学生一样的错误。

有些人正是因为太聪明了，思维转动得过快，经常还没来得及思考，大脑中就已经出现了一个“正确”的答案，而他们又不够耐心去验证这个答案。对于这样的人来说，想要摆脱思维惰性需要付出很大的努力。你要对自己有一个清醒的认识，抛弃那些自大的想法，你要尝试着改变自己的思维习惯，看待问题的角度等等，没有一个漫长的过程，肯定无法成功。

有些人就是单纯的懒，懒得去思考，懒得去改变，懒得去进步。对某一套思维模式固执己见，不管遇到任何问题，都搬出这套思维去应对。老一辈的人说，脑子就像锄头，多用就光亮，不用就生锈。你若不给你的锄头时常打蜡、保养，任凭它毫无章法地东一榔头西一棒子，它自然会慢慢生锈、腐朽。

沃顿商学院中也有少数依赖思维惰性的学生，出现了这种情况后，沃顿商学院在培养人才的时候更注重培养学生突破思维定式的能力。打破思维的墙，克服懒惰，勤于思考，才能激发出令人耳目一新的创造力。沃顿商学院的逻辑思考给了我们极大的启示，让我们充分认识到了思维惰性的破坏力，让我们变得更优秀。

沃顿商学院思维课笔记：

打破常规是思维创造力的体现，因循守旧会让人陷入思维惰性中。处于思维惰性中的人，实际上已经放弃了独立思考的能力，这种思维又有什么价值呢？

影响逻辑的病毒——偏见

著名的女作家简·奥斯丁著有《傲慢与偏见》一书，傲慢的男主角与带着偏见的女主角，演绎了一出跌宕起伏的爱情喜剧。女主角伊丽莎白一向聪慧过人，却偏偏误解了达西先生骨子里的真诚与热情，是什么影响了她的逻辑思维判断能力？是偏见。戴着偏见的有色眼镜，聪明的伊丽莎白也变得偏激起来。

情感上的偏见，带来了视觉上的偏差，它严重地影响了人类的逻辑思维能力。

人脑的计算能力是很强大的，甚至超过了一台普通电脑。但这种强大的计算能力以及迅捷的反应能力却经常将我们带入一个个误区。之所以会产生这样的结果，原因在于大大小小的思维漏洞，而认知偏见，就是其中的一种。

处于认知偏见中的人，在思维判断上会出现一些缺陷，这严重地干扰了他们认识事物、判断问题的进程，被带入错误的方向也就不足为奇了。

一个外国人对中国这样的发展中国家有着深深的偏见，乃至多次在公众场所大放厥词，直到有一次，一位来自中国的留学生勇敢地站起来，将他说得哑口无言，他才意识到了自己的想法有多偏激。

中国留学生这样说道："先生，我敢打赌您绝没有去过任何一个发展中国家，尤其是中国，您所知晓的关于中国的一切落后现象都来源于周围舆论、不实报道或者您的臆测。我建议您可以去中国瞧一瞧，在您接触到真正的中国之前，还是不要妄加评论的好。"

后来，这个外国人果然来到了中国，他一一游遍北上广深，时不时为眼前现代化的一幕幕惊叹、倾倒，这才明白自己当初的那些偏见之言有多愚蠢。

前两年网络上流行着一个著名的"茶叶蛋梗"，让众多网友津津乐道。事情源于一段视频，视频中，台湾某教授信誓旦旦地向嘉宾、观众们普及："对岸的大陆人，连茶叶蛋也消费不起喔……"引得众人惊叹连连。

"茶叶蛋梗"迅速地火了起来，在两岸间掀起了巨大的话题。人们这才意识到，所谓的一叶障目、自以为是究竟意味着什么。偏见不仅会蒙蔽你的双眼，更会拖累你的智商，让你变成人们眼中言行滑稽的小丑。

为什么会产生偏见？这是因为人们的认知产生了谬误。当你看待问题、认识问题的时候不以事件本身为中心，却围绕着自我直觉、印象等诸多情感因素来进行的时候，你很容易产生认知谬误。如果你看待问题不看它的本来面目，却只盯紧了它若有若无的倒影，你根本无法得出正确的结论。

偏见来源于主观，你过分相信自己主观上的看法、直觉，而不参考事实依据，你便陷入了一个巨大的逻辑漏洞中。

EA公司成立于1982年，它曾是世界上最大的互动娱乐软件独立开发商和发行公司，更是全球游戏迷们心中的"白月光"。然而，让人惋惜的是，EA的发展却每况愈下，昔年挣下的荣光和河山正一寸寸消失在激烈的竞争中，到了2015年，EA公司的规模缩减到了历史最低，大量的工作组被解散，员工们纷纷作鸟兽散。

EA曾是游戏界的老大，如今却落到了如此落魄的地位，原因就在于它一直以来的傲慢与偏见。EA虽然靠游戏发家，骨子里却仍只将它看作赚钱的工具，而不是一种拥有巨大潜能的产业。对于游戏玩家们，EA始终带着偏见的目光，极其不重视这个庞大群体的体验和感受，为此EA甚至连续两年被玩家们评为“全美最差公司”，EA人却没有意识到自身的错误。

对于互联网，EA公司也怀着极大的偏见，甚至因此而错失时机，被暴雪等后起之秀们牢牢盖住了风头。EA公司在游戏市场的优势越来越小，这时候，高层才慌了起来，然而再怎么奋起直追也追不回当年的辉煌业绩了。

曾有毕业于沃顿商学院的咨询顾问以EA公司的发展与衰落为例，详细分析了认知偏见的危害性。他说，商场如战场，任何一点偏见都将为自己的企业带来巨大的危机。如果不能客观认识事物，便不能准确判断形势，一旦延误战机，后果不堪设想。最后，他给EA提供了建议：放弃偏见，重新定位EA在行业中的位置，扬长避短，尽力弥补过往决策上的失误，逐步追上竞争对手的脚步。

心理学家将人的种种偏见按照来源和表现分为了12种：确认错误、派系偏见、赌徒谬误、购后合理化、忽略概率、观察偏差、维持现状偏见、消极偏见、从众效应、投射偏见、当前偏见、锚定效应。

分析这12种偏见，基本上都来自主观上的情绪和片面的判断，因着环境的改变和其他种种因素，我们的心理会产生微妙的变化，不知不觉间，我们亲手为自己戴上了有色眼镜，还固执地认为那才是真实的世界。

想要优化思维能力，你必须放弃你的偏见。剔除成见，是为了让我们更加客观地衡量世界，不受头脑中思维漏洞的左右。除此之外，你还可以运用以下的方法来训练自己的逻辑思维。

一、面面俱到法。

如果你需要购置一所新房子，你就得将所有与房子有关的因素都纳入自己的思考范围中去。你不仅得考虑房子的售价、地理位置、大小、陈设等显而易见的问题，你还得考虑一些容易被人忽视的问题。如周围邻居的身份背景，小区的物业管理、公共设施等。

同理，在你思考任何一个问题的时候，你不仅要关注大局，更要关注细节。不要遗漏或者忽视一些看起来微不足道、实际上对你的决策质量能够起到巨大影响的细节。

二、先见之明法。

你要结合现实情况，对未来的发展趋势做出一定的，短期或者长期预测。不管你想的对不对，你得培养这种习惯。日常生活中，你可以随时运用这种思维方式来帮助你做出更准确的判断和更明智的决策。

三、明确目标法。

做任何事情之前，需要确定目标再展开行动。而在行动的过程中，需要将你的目标时刻铭记在心。因为人们在解决问题的时候，注意力可能会被各种各样的事情、层出不穷的意外所吸引，如果忘记了目标，可能会在错误的道路中越走越远。若能始终铭记目标，你会将所有的心思放在解决问题的方法上，这样便能加快事情结束的进程。

总而言之，偏见影响到了我们整个逻辑思维的过程，在我们思考的过程中，它将时不时跳出来干扰我们的视线。不要迷信深植于骨子里的根深蒂固的偏见，要想法将它铲除，这样你才能成为一个具有强大的、独立的逻辑思维能力的人，你才不会被蒙蔽、被欺骗。

沃顿商学院思维课笔记：

偏见是致命的，它会让人陷入思维的陷阱中还茫然不自知，告别偏见的思维漏洞，需要我们从偏见的源头开始，那就是放弃先入为主的主观印象，转而从现实中发现和总结。

全面了解思考过程的逻辑漏洞

很多人意识不到逻辑漏洞的存在，因为人们在思考的过程中，往往太执着于事情的真相，却忘了去检查自己是否犯了方向性的错误，更忘了去规避这一路上大大小小的坑和陷阱。

如果将思考的过程比喻成行路，你若是犯了方向性的错误，等于在一开始就钻进了一个牛角尖，你越是努力就越是背道而驰；若是忽略了这些逻辑漏洞，你随时会被带离正确的轨道。

这些逻辑漏洞像极了路上的陷阱，也像极了顽石与荆棘，其存在的最大意义只为阻碍你的脚步，扰乱你的视线，诱使你做出错误的决定。沃顿商学院逻辑思考课程正是在教我们如何思考，如何规避漏洞，如果靠近目标，掌握它的基本理论，我们会发现一道完整的、正确的道路正在我们面前徐徐展开。

前文所说的认知偏见、从众思维、迷信自我、诉诸专家等都是逻辑漏洞中的一种，下面我们来全面了解一下思考过程中的逻辑漏洞。如果它是荆棘，就果断地砍掉它；如果它是石头，就努力去搬走它；如果它是陷阱，就聪明地绕开它。当你尝试着去打败逻辑漏洞，终有一日，它们的存在不再会是干扰你前行的阻碍，反而会启发你以最快的时间找到最正确的方向。

有些思维逻辑上的漏洞出现的频率可能不是那么高，但也可留意去加深对它们的理解，比如说逻辑关系混乱和主观意识偏差。前者指的是原本应该是顺次、并列、平行、对立等逻辑关系中产生了跳跃、断层的现象，经常会出现在谈话中。若一个人说话“颠三倒四”，便是犯了逻辑关系混乱的错误。

后者指的是以主观的感受、判断、情感来付诸客观的事务上，使得人们产生认识上的谬误和偏差。首先我们来分析一下逻辑关系混乱的几种表现：循环论证、无逻辑简化、错用因果、错用明证。

一、循环论证。

什么是循环论证呢？若让命题甲成为命题乙的条件，又让命题乙成为命题甲的条件，两者相互论证，便是循环论证最典型的形式。循环论证表面上看起来环环相扣，无懈可击，实际上却是在原地打转，毫无意义。

想要解决循环论证，不妨将命题甲乙的两个论证前后相连地呈现在一起，让人轻易窥破其循环性。

二、无逻辑简化。

有时候，我们在思考一个庞大的问题的时候，会想着将它分解成一个个小问题，来帮助自己理清思路。这样做容易犯无逻辑简化的谬误。

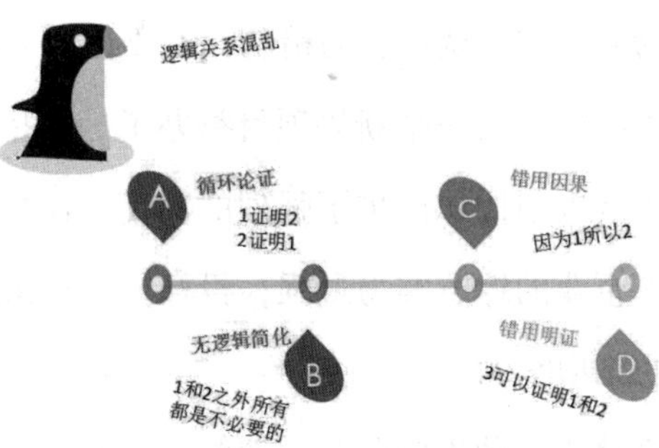

7.5 逻辑关系混乱的四种表现

我们要看清楚这个大问题是否能够分割成一个个小问题，如果我们不顾它的整体性，一味将其分解思考的话，可能会扰乱其中的逻辑。这种逻辑谬误不能犯。人的身体由各种化学元素组成，这是事实毋庸置疑，但若一口咬定人的身体等同于一堆化学元素，这便大错特错了。

三、错用因果。

当人们在判断事情因果的时候采取的是一种错误的评断标准，便会犯下“错用因果”的逻辑漏洞。例如，事件甲在事件乙之后发生，你若据此以为事件甲乙是因果关系，便产生了逻辑漏洞。有时候，两件接连发生的事情其实并没有因果关系，只要看清了这里面的逻辑，你就能规避这种错误。

四、错用明证。

也许我们找不到事实来推翻某个逻辑，指不出这个逻辑错误的地方，我们便逐渐相信了它的真实性。但找不出强有力的佐证来推翻它并不代表它就是真的。你若说宇宙中除了地球以外，还有别的具有生命特征的星球，那确实找不到证据来推翻这个观点，但这并不代表这个观点一定是正确的。这便是“错用明证”的逻辑谬误的典型案例。

主观意识偏差主要表现在四个方面，我们可以来具体分析一下。

一、因人废事。

古人说，“勿因人废事，因人废论，因人废行”，意思是说，不要因为他人的缘故不做事情，不发表言论，并严厉约束自己的行为。做任何事情，都要关注事物的实质，认清它的精髓，不要让个人的喜好影响自己的判断力。

比尔的公司就一个新兴项目举办了一场招标会，邀请了三家企业。有一家企业的负责人与比尔产生了强烈的冲突，比尔偷偷给这家企业打了个最低分，尽管这家企业的综合实力最强，投标方案也最出色。这无疑是“因人废事”逻辑漏洞的典型案例。

想要避免这种逻辑漏洞，就要一遍遍梳理自己的逻辑关系，审视自己是否公平公正。

二、稻草人谬误。

田间地头的稻草人只能吓吓鸟儿，脆弱而又容易被攻击。现实生活中，个人的思维逻辑总是容易受到质疑和挑战，为了捍卫自己逻辑的正确性，我们会针对反对者提出反击，但这种反击显得并不是那么有力量。你为了削弱反对者的论点的力度，故意歪曲他论证的过程，这便犯了稻草人谬误。

美国逻辑学教授丹尼斯·麦克伦尼在他的著作《简单的逻辑学》中说稻草人谬误并不是无心之过，它是一种主观上的故意。当我们陷入稻草人谬误的逻辑漏洞中的时候，其实是因为我们不能接受自身的逻辑被质疑、被挑战，不愿意承认自己的错误。

三、情感误导。

逻辑思维上还存在着一种被称为“情感误导”的逻辑漏洞。我们之所以会犯这样的逻辑漏洞，还是因为我们的内心不够客观。当我们选择性地忽略或者接受一些信息的时候，我们自然会变得越来越盲目、越来越偏激，我们的思维也会因此而大受影响。

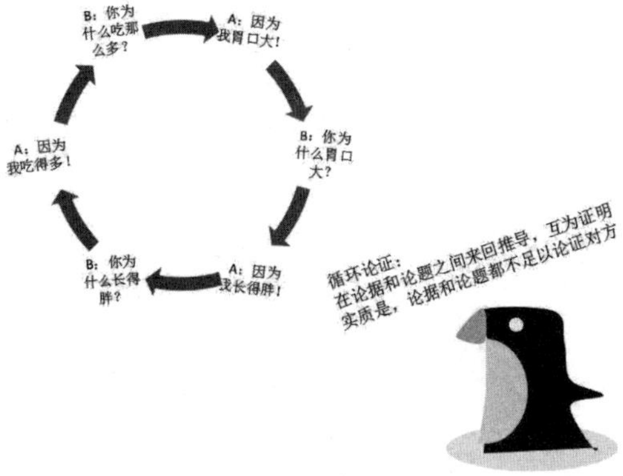

7.6 循环论证

有一个人正在写一本介绍家乡历史地理、风俗人情的书，他在收集资料的过程中发现，家乡有不少负面新闻报道。出于对家乡的热爱，他在具体的写作过程中，有意识地剔除了那些负面信息，只留下了一些伟光正的新闻。这个人实际上就犯了情感误导的谬误。

四、功利误导。

有些人在思考的过程中容易犯功利误导的谬误，他思考的点很片面、单薄，他的目标也很单一，丝毫不考虑其他后果。

有的人为了成功无所不用其极，他们只在乎结果，却从不为过程和方法而操心，对于他们而言成功就够了，至于是怎样成功的却不重要。

无论是主观意识导致的偏差，还是头脑中固有的逻辑漏洞，都是影响人准确思考的毒瘤，在锻炼我们思维能力的时候，发现并解决掉它们，是我们永远也不能松懈的工作。

沃顿商学院思维课笔记：

思维的正确性一方面在于正确的思考，一方面在于填补思维漏洞。思维漏洞是人所固有的，发现起来并不难，难的是如何在发现的前提下，把它解决掉，这是沃顿商学院思维课的核心内容之一。

锻炼思维能力的
五大习惯

第八堂课

思维框架令思考事半功倍

22 年前从沃顿商学院毕业的埃隆·马斯克，是优秀的工程师、活跃的慈善家，担任过支付巨头 PayPal 和著名太空探索公司 SpaceX 的 CEO，他被人们广泛赞誉为“富可敌国的流浪者”“当今乔布斯”，是诸多领域的创新者。

毋庸置疑，埃隆·马斯克具有时代罕有的创新能力和胆识。无论是太空火箭、电动车还是太阳能发电，这些表面看起来跨度巨大的行业，承担着国家荣誉的事业，这位拥有巨大能量的 CEO 却能够独立承担。在他仅仅 30 岁那年，他个人创办的两家公司先后登上了纽约证券交易所。而在他 40 岁时，他的另外两家公司又在纽交所上市，创造了股市的一个奇迹。

埃隆·马斯克的辉煌成就不能不归功于沃顿商学院给他打下的坚实基础。在沃顿商学院，他学到的最重要的一课就是构建成熟的思考框架。他曾经在接受杂志采访的时候表示：“物理是一个很好的思考框架……将事物归于本源，以探求真谛。在物理学的领域，讲的是不模仿也不推论，回归原理。”

而马斯克先生的事业真的是围绕他的原理而进行的。他务实的精神让他的每一步都讲事实、重实践，无论何时，马斯克都在思考着下一步的行动：“什么是最有可能影响人类未来的因素？”2008年，马斯克的“猎鹰1号”发射并成功地进入预定轨道。而这，只是马斯克棋局中的一步而已。2010年，他的“猎鹰9号”创造了人类历史，成为全球有史以来第一支由私人企业发射到太空的载人航天运输火箭。而直到今天，世界上也仅仅有四家的飞船能够抵达国际飞行站，前三位是国家级的：美国、俄罗斯、中国，而另一家是：SpaceX。

从PayPal一路走来，马斯克从未短视于“什么是最好的赚钱方法”，而是时刻在想：“什么是更好的思考框架？”

马斯克曾经亲口表示：“我不相信成功可以复制，每个成功的企业都有独特的故事，但我相信创业精神能够传承，成功模式值得借鉴。”他说的模式，指的就是思考框架。马斯克之所以能创造出辉煌的事业，是源于他清晰的头脑。“你可以将所有鸡蛋都放在同一个篮子里。但前提是，你能控制篮子里会发生什么。”对篮子里的鸡蛋的控制力，就是一个人建立思考框架的能力。

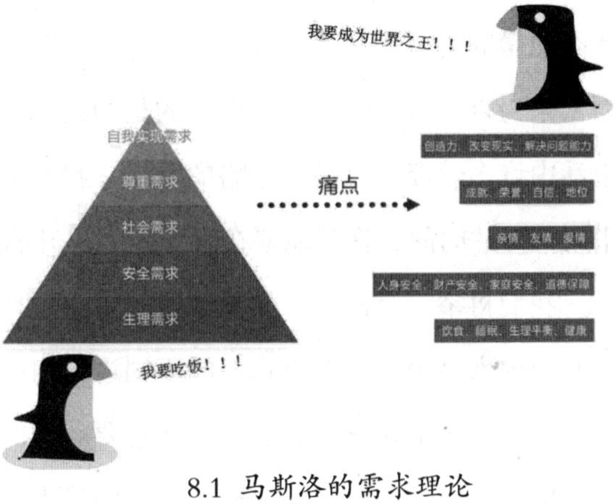

8.1 马斯洛的需求理论

那么，如何真正提升构建思考框架的能力，以有限的时间和精力又该如何着手呢？下面的一些建议，供读者朋友们参考。

第一，扩充自己的知识面。思维方法的速成是不太可能的，一切都需要建立在大量阅读的基础上。这些书籍的内容可以相去甚远，甚至是观点完全相左的，你可以通过其中的思辨来帮助你建立独特的思维模式。

一些人读书时会挑食，偏爱挥洒自己感性思考的小说等，而排斥那些艰深晦涩的哲理类书籍。而其实正是那些难啃的骨头，可以帮助你从不同的学科视角、不同的行为方法去建立较为完整的思想体系。另一个误区是仅仅喜好与自己思维模式相近的作者，而这会困住你的思维发展。为何不读读和本身立场完全相异的文章？也许你曾经嗤之以鼻的观点自有内在的逻辑体系。

第二，在可能的范围内，多多经历。停留在阅读始终是纸上谈兵，思考框架需要多加打磨和训练。一个分析问题的方法看上去简单易行，而实际上你需要在不同场合、处理不同事情时反复练习、调整和提高，让那个思考方法真正为你所用。

举一个简单的例子：也许你在工作时被要求做一个数据分析，然而你的同事比你做的更加优秀。这时你就不能仅仅停留在这个现象上，你要问自己："为什么他做的更好？"不要轻易用"他更聪明""他用了更新的工具"这些外界因素来为自己找借口，你最需要的是利用你的思考框架找出更合理的解释。对生活中许多琐碎而容易被忽略的事件，我们都可以拿来进行思考训练。利用好平时的碎片时间，你就能够在思考能力提升的路上走得更快更远。

我们再举一个例子。如果你曾经留意过地铁站的广告，就会发现国外大品牌和国内大品牌在广告方式上的不同。国内的品牌普遍喜欢在地段优越的位置设立广告，集中在上面表达更多你想要获知的信息。而国外的品牌也许会绕开黄金地段，但他们往往采取连续轰炸的战术，例如张贴几幅有内在连续性的广告，每一幅广告都仅仅突出一个话题，但你的情绪会被带动，直到看完最后一张图片，你一定会印象深刻。现象的背后常常隐含着多重内涵，从营销策略的角度讲，我们可能会得到结论不同但可能都归于合理的答案，我们自己也可能因此获得多重养分。

第三，有了上述两步打基础，还要增加视野面。只靠读书和经历，会给你带来丰富的思考经验；而这些思考经验能否成长为稳定的思考框架，却需要视野帮你保驾护航。当你有了足够深远的视野，就有底气利用思维去处理经验所未及的事情。比如下一步该怎么做，对方的策略会如何，我自己又应该做何反应。

这个思维的深度就取决于你思考框架的深度。

因此，我们对待经验时，不能仅仅把它看成是对某件事的即时反应，而应当进行深度的思考和总结。否则，一旦遭遇了环境和条件的改变，你将会重新变得手足无措。

还有一点，即使是同样的问题，站在不同的立场分析，也会得到完全不同的结论。比如一些企业老板和员工之间有激烈的矛盾，不是由于他们的思考模式不一致；相反，出身于同一家企业的他们，思维方式高度一致，却都是仅仅从自己的思考角度去解读问题，不肯换位思考和让步。一位毕业于沃顿商学院的著名企业家说："如果你仅仅从个人的角度理解世界，那么你一定无法得到世界的回声。"纯熟的思考框架，是要建立在客观公正的角度上的。

沃顿商学院思维课笔记：

比起思考最好的赚钱方法，不如及早从知识、经历和视野三方面着手，为自己建立行之有效的思考框架。当复杂的事务让人全无头绪，思考框架可以令分析事半功倍。

思维公正性是平等待人的前提

沃顿商学院著名的校友尤金·杜邦是杜邦公司新时期的第三代总裁，是一位勤勉的实业家。他经营着家族传承的杜邦企业。200 多年前，杜邦公司的主业还只是生产火药。而后来，杜邦的业务重心逐渐扩展至化学制品、材料和能源，视野也逐渐投向更远方。今天，世界上的许多家庭只要仔细看一看家中的陈设，就会发现杜邦的存在。

除了对科学永无止境的探索和坚持不懈的创新，杜邦公司始终保持着正直和高尚的道德标准，和尤金·杜邦本人一样，公正、尊敬地对待他人。人们都知道，创业容易守业难，而尤金·杜邦正是始终维持着他的谦虚淳朴的态度，运用他的思维公正地去处理周遭的事务，才取得了了不起的成就：他亲眼见证了威明顿市新办公室的竣工以及电话的诞生，并协助建立了东炸药公司。

时至今日，在沃顿商学院你依然能时常听到这样一句话：“保持思维的公正性。”

思维的公正性要求每个人努力平等地对待每一种观点，事实上，职场里人们常常对他人的观点抱有偏见，随便给别人的意见贴上“喜欢”和“不喜欢”两类标签。但深层次讲，对一个观点喜欢与否，实际表明的是对方观点和自己的观点的契合程度。因此，在非常需要平等待人的商业活动中，当我们不得不去考虑自己不愿接受的观点时，保持公正性的思维就显得尤为重要了。

思维公正的反面就是思维的不公。思维不公是指推卸准确、清晰地接纳与本人相左意见的责任。当我们正在不公地思考的时候，潜意识中就认同自己是正确的、公正的。这也是为什么我们说“不公的思考和行动中通常有自欺的因素”。在企业的小组讨论中，随处可见人们为自己进行公正性的辩护，努力找出能够证明自身行为是合理的理由，简而言之，每个人都在努力证实自己是“正确的”。

在沃顿商学院从教多年的教授劳拉女士说：“思维公正性要求人们保持思维的谦逊，同时还应当具备思维的坚毅。”可惜的是，在社会上，这些特质并没有受到普遍的重视，它们不是学校课程的内容，也没有专门的测验来确保这些特质。但是这些特质却是保持思维公正性所必不可少的。以下将进行详细的解释。

首先是保持思维谦逊。思维谦逊的核心就是要人们认识到自己对未知知识的长久忽视。特别是在风云变幻的商海中，承认自己思维所限，对保持公正是十分重要的。换句话说，思维谦逊要求每个个体清晰地对自身抱有的偏见和观点的局限性有所了解。思维谦逊要求我们清晰地认识到自己有哪些领域和信息是未曾涉足的。特别是，当某个事件能够引起我们强烈的情感，这时候最容易引起思维的褊狭与不公。在你的情感战胜理智之前，要知道对该事件自己有哪些盲点。需要注意的是，思维谦逊并不是让人在他人的观点面前表现得懦弱、服从，而是摒弃自负。

与思维谦逊相反，思维自负即认为自己知道一切，实际却腹中空空。一位成功的商界人士在推特上，收到了来自世界各地的年轻创业者们的请教。在回答一些网友的问题时，成功人士感慨地说："他们名义上是在请教，而实际上你很难再给他们的头脑中灌输什么东西。他们头脑中的某些观点是如此稳定，以至于他们看上去就像一个空想狂。"很显然，思维自负者的思考已经脱离了现实，他们眼中的世界已然变成了"他们所认为的世界"。

不幸的是，工作、生活中，多数人都认为自己很熟悉的事物，其实自己并不了解；错误的信念、偏见、错觉比比皆是。更为严重的是，当错误的信念受到他人的质疑和挑战的时候，人们从内心不愿意承认自己此前的认识是"欺骗性的"。更加糟糕的是，当事情的发展与头脑中的想法发生偏差，人们不但没有意识到这是自己思维的局限性造成的后果，还企图忽视和掩盖自己的错误。这就带来了大量的精神痛苦和时间损耗。

另一方面，我们来说说思维坚毅。思维坚毅指战胜挫折、完成复杂任务的勇气和毅力。当思维坚毅的人面对复杂的任务和挫折时，他们的信条是永不言弃。思维坚毅的人士严格遵守理性标准，而非根据第一印象做出武断的判断或是快速给出粗略的答案，这就为他们保持思维公正性创造了条件。思维坚毅要求人们对困惑和未解决的问题进行持续的努力的思考，直到从中获得深刻的见解。

思维坚毅的对立面是思维的懒惰。思维懒惰者应对具有挑战性任务时非常容易放弃，因为这类人群对复杂的思维活动带来的痛苦和沮丧具有很低的包容度。

我们不难想象到高水平的思维活动尤其需要思维坚毅，因为高水平的思维活动过程包含一定的挑战性。数学、化学、文学、艺术及其他任何需要用得上高质量推理的思维活动都需要思维坚毅，当然，商业活动中尤其如此。思维懒惰的人则会再三回避可能会令他们感到沮丧的思考，毫无疑问的是，最终他们会因为无法解决职场中遇到的复杂问题而处处受挫。

有些读者可能会产生疑惑：如果一个人缺乏思维的坚毅，他本人的思考公正是如何受到影响的呢？其实是有很大关系的。一个人在试图理解某个复杂事件时，只要事件与过去的经验相差较远，或是事件牵扯问题的方面较多，就需要此人发挥思维坚毅的素质。如果一个人不能以坚毅的思维去确保对事件全局的充分认识和把控，就无法维持思维的公正性，更遑论平等待人了。

沃顿商学院思维课笔记：

商业是成年人的游戏，只有理智和富有逻辑性的头脑，才能让人在市场当中立于不败之地。而在职场中待人接物，想要不被情绪所控，就要时时保持思维的公正性。

掌握事物全貌是商业精英的底气

出于人类的思考习惯，由事物表象到全局的了解过程，通常就是人们最容易产生迷惑的阶段之一。因为在这个阶段当中，人们并不知道事物的全貌，唯独凭借看到、听到的零星信息来进行猜测，这是个小心翼翼的试探过程。

8.2 掌握问题全貌

而当人们终于掌握了事物的大致样貌，开始进入由全局的大致情况提炼关键信息的阶段，此刻人们才会从庞杂的信息中筛选出对自己真正有用的信息，来帮助人们发现事物的内在规律，并在这个过程中不断进行归纳和总结，直到发现隐藏在事物后的真正本质。

这也就是为什么我们周围总有一些把事物看得特别通透的商业人士，他们总是显得底气十足、信心满满。

一家著名的房地产公司招聘主管，竞争激烈。在众多竞争者中，毕业于波士顿大学的卡洛斯前来应聘。专业基础扎实、心理素质优秀的卡洛斯以笔试第一名的成绩顺利进入面试环节，且在面试结束前都表现不俗，负责面试的领导很欣赏他的学识与应变能力。可是最后当卡洛斯在面试即将结束时上前向面试官提交自己的简历时，领导皱了皱眉头，之后面试的最终结果迟迟未得答复。

原来，由于当天下雨，卡洛斯的简历不小心被浸湿了。加之不知在何处被硬物刮过的痕迹，可怜的简历显得伤痕累累。

卡洛斯最终没有被录取。当卡洛斯追问应聘失败的原因时，公司领导最后对卡洛斯说："一个连简历都保管不好的人，是管理不好一个部门的。"

由以上例子我们很容易看出，任何能够从全局审视的人都很容易理解，一个连小事都无法尽善尽美的人，是难以胜任大事的。只有着眼于小事的人才能看得清全局。所以对于想成大事的商业人士而言，必须从不起眼的简单事情做起，从细微的地方着手提高自己的能力。

反之，一个忽视小细节、不屑做小事的人，必然属于看不清全局、认识不到细节对全局获得圆满的重要性的人。与此同时，恐怕我们也难以想象，一个每天叫嚷着自己要做大事、成大业的人未能在任何小事上取得成功，不通过对任何细节的观察就能看清全局大势，还能获得相应的技术和经验，仅凭幻想就懂得大事该从何入手的。

要知道的是，任何一件大事都是由多件小事组合而成，一个人能做大事是建立在成功完成每一件小事的基础之上的，没有人可以盖一座不需小事就能成就大事的空中楼阁。

一般而言，成大事、掌握全局者无论是在做人、做事，还是管理方面，必然是注重细节的，也只有对细节有充分的关注，对细节有一定的认知，才可以灵活运用细节来获取机遇和财富。

英国著名电器品牌“独行者”的总裁比尔·费列尼曾经说过：把每一件简单的事做得精益求精，就是不简单；把每一件平凡的事做得尽善尽美，就是不平凡。

“独行者”也正是怀揣着这种理念，坚持在生产、销售、服务各个环节中注重细节的安排。同行的企业是在卖产品，而他们的营销关注点不在卖而是买，努力通过销售产品的环节树立产品美誉度，通过追求完美买到用户忠诚的心。思维的小小转变让卖改成买，便为“独行者”在世界立足增加了筹码。

与此同时，“独行者”公司在产品的服务中也尤其注重细节。罗伯斯一家人第一次购买“独行者”的冷柜。当“独行者”冷柜的安装人员按照预约时间来到罗伯斯家，家里人刚巧都临时有事出门了。当罗伯斯接到“独行者”公司服务人员打来的电话，他很抱歉地告知对方预约取消了，并在对方的友好语气中预定了次日再来安装的具体时间。次日，安装人员再次上门来，礼貌地敲门、问好，然后两个负责安装的工作人员穿好自备的鞋套。安装完毕他们又问罗伯斯是否会使用，向罗伯斯讲述了使用过程中需要注意的几个细节，最后他们主动带走了拆开电器包装盒时产生的垃圾。

以上的情景看似简单，都是一些小细节，可不得不说非常让消费者舒心。员工的服务能如此周到，想必也是“独行者”的领导本身很注重细节的结果。正因如此，“独行者”才能够买到众多消费者的心，成为全球大型家电的品牌。在细节中不断成就完美，终使得“独行者”成为骄傲。

事实上，在平时的生活里，我们也是通过细节来看待、评断一个人的。一个人的言行举止，其中之细节所体现的是对方的习惯和品性，也是一种眼光和智慧。

生活里，小事表现出来的魅力是无与伦比的。那么对我们而言，如何才能成为一个能够洞见小事，从而透过小事去看清全局的人呢？按照沃顿商学院导师们的提法，答案是踏实、用心和观察。

脚踏实地是掌握事物全貌的基础。学会转变只做大事、不做小事的观念，摒弃好高骛远、一步登天的天真幻想，认识到小事的重要性，并将每件小事当成大事来对待。踏实可以给人对任何大事都能负责的印象。在一个能做大事，以小事着手看全局的人眼里，凡工作事无小事，不可大意、不可敷衍。

所谓用心，指的是我们在日常的生活和工作中要学会将“随时看到小事”的观念放在首位。小事随时随地就在我们身边，然而只有用心去体会的人才能注意到。同时，我们也应当用心养成注重小事的习惯，形成不忽略任何小事的惯性思维，只有做到这些，任何可能影响全局发展的小事才逃脱不了我们注重细节的眼光。

观察要求一个人能够细察周边事物的现象、动向。只有善于观察的人才能够发现生活工作中的各个细节，并且加以深入挖掘和思考。所以，在商业活动中，我们在看待一件事情的时候一定要心思细腻、仔细观察，才能找出问题的关键所在，从而更好地解决问题，获得大局的成功。

沃顿商学院思维课笔记：

沃顿商业精英的底气，来自于从庞杂的事务中抽取对自己有用的信息，从纷繁复杂的现象里及早看清事情的本质。想要做到这一点，掌握问题的全貌是必不可少的。

专注让思维更清晰准确

互联网时代是一个分心的时代。高速发展的互联网、各种手机应用程序、电子邮件，无时无刻不在冲击着人的大脑。

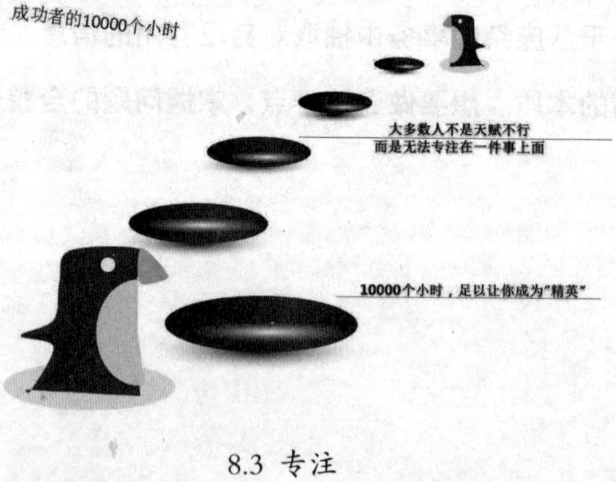

8.3 专注

不论你是领导者、商业人士或者是普通白领阶层，你很容易突然之间发现，在这个互联网时代，你已经很难专注于做一件事了，即使它看起来再紧急不过。

沃顿商学院流传着这样一句话："你一生中大部分的精力应该全部只放在一件事情上。把这一件事情做到极致，胜过你把一万件事做得平庸。"

这个道理对沃顿商学院学生们的影响几乎是颠覆性的，因为这个看似浅显的道理的背后，隐含的原理正是一条客观、有效的“人生捷径”。

德国心理学家K·安德烈·埃里克森有过这样一项影响深远的研究：

埃里克森来到德国柏林最好的音乐学院，在学院教授的帮助下挑选了一群学生，这群学生中有些被认为天赋过人，有些则被认为资质平庸。埃里克森将他们分为了三组，并为这三组学生按目标进行了定位。

第一组学生的目标是成为世界级音乐家，第二组学生的目标是成为比较优秀的音乐家，而第三组学生的音乐水平过于平庸，因此目标只是成为一名公立学校的音乐教师。

分组之后，埃里克森问了所有学生同样一个问题：从你开始接触音乐开始，到目前为止，你对熟悉的乐器练习了多少个小时？于是三个组所有的学生，都开始回想已经过往的时间。

5岁是德国儿童接受兴趣教育的年龄，大家几乎是在这同一时期开始学习音乐的，在开始学习音乐的几年里，每个人练习的时间几乎都是一样的——每周2到3个小时。

但是到了8岁左右，差别开始显露出来了。被认为最具有天赋的学生，他们练习的时间开始明显多于其他学生：9岁的时候每周6小时，12岁的时候每周8小时，14岁的时候每周16小时，练习时间就这样一点一点增加，一直到20岁的时候，他们还在不断增加练习时间，有些人一周练习超过30个小时。

累加起来，那些卓越的音乐家，他们到20岁的时候已经练习了超过10000个小时，与这些卓越者相比，那些比较优秀的学生练习的时间是8000个小时，而那些被定位为未来音乐教师们的练习时间只有4000个小时。

在此之后，埃里克森和他的同事又在其他不同领域进行了调查，调查发现，那些所谓的天才大多是从小就开始了所从事的事业，他们对这项事业的学习和了解程度要远远多于其他人。而在他们被看作天才的时候，一般都要经历十几年的时间，在这期间，他们往往需要沉浸在所从事的领域中超过10000个小时。

埃里克森的这项研究推翻了以往人们的经验，它证明了成功者并不是天才，更没有与生俱来的天赋，他们的成功完全来自于刻苦的练习，换句话说，如果和其他人一样仅练习很少的时间，任何一位成功者都不可能获得成功。

专注于一件事，需要的是坚持不懈的毅力。与长时间地专注于一件事相同，沃顿商学院也注重培养学员在短时间的专注能力。长时间的专注指坚持，短时间的专注重视的是精力的集中。

艾伦是从沃顿商学院走出的一位商业人士，他的工作主要是为企业用户提供品牌管理方向的智力支持。在日常工作中，艾伦总是将白天的时间用来搜集资料和品牌调研，而将思考的时间留在晚上，因为这个时候他的精力才能够集中在一个问题上。

艾伦曾经尝试在一个不专注的状态下思考问题，他一边进行用户访谈，一边对用户的访谈进行总结和归类，结果是一个重要的环节被他遗漏了，一个重要的问题被他搞混了。

无论是长时间的专注，还是短时间的专注，它的本质上都是人的一种能力，人先天的专注力是不一样的，但天生专注力不强的人，也可以通过训练而获得较强大的专注力。

人的专注力来自于人抗拒诱惑的能力，当人将注意力集中于某件事之后，他就进入了一个抗拒外来诱惑的状态中。外来的诱惑会让人觉得目前的状态是无聊的、痛苦的，进而让人想要去做更有趣的事情。

如果一个人抗拒外来诱惑的能力不够强大，他的注意力就会发生转移。那么，又是什么决定着人抗拒外来诱惑的能力呢？在这里有三个因素，分别是压力、欲望和身体状况。

压力。当压力越大时，人的情绪波动也就越大，情绪波动较大的人是无法抵抗外部诱惑的，因而也就无法将注意力集中起来。

欲望。强烈的欲望会让人专注于一个急功近利的目标，但是如果欲望过强，则会影响到人对于努力的效果的评价，此时除了立竿见影的工作，几乎所有工作都会在被短暂尝试之后被放弃。

身体状况。身体状况会影响人的精神状态，因而，身体状况越差的人，往往越无法集中注意力。

专注是逻辑思考所必须的，读者要尽量让自己获得这种特殊的能力。专注力的获得可以通过正确的方法，沃顿商学院为读者推荐的方法是：

第一步：设定目标。有意为自己设定一个要自觉提高注意力和专注力的目标，在此之后你会发现，在非常短的时间内，你的专注力有了迅速的改善。这也就是说，对于训练专注力的第一步是有意识地加强对于专注的重视。

第二步：自我暗示。在因为专注而感觉到疲惫的时候，要给予自己强烈的暗示，暗示这种疲惫是一种考验，战胜这种疲惫就会得到精神上的愉悦。在这样的暗示下，因为专注而带来的痛苦就会相对减少，专注力便不会再被视为一种折磨。

第三步：清理大脑。一个充满各种各样想法的大脑，很难能够将全部的精力放在一件事情上面，因此培养专注力的时候，人必须要清理大脑中的杂念，将那些不切实际的想法抛诸脑后，当大脑中只剩下一个重要的想法时，人的注意力就自然被集中了。

第四步：排除干扰。在一个非常安静的环境中，人仍然可能会出现注意力不集中的情况，这就是因为专注力受到了干扰。干扰不仅仅出现在外部环境中，也出现在人的意识当中，因此，人排除干扰的行为必须具备一定的强制性。

强迫自己不因为干扰而转移念头，一开始的时候，这种强迫必须是非常严苛的，同时人对于这种强迫的抵制也一定是非常强烈的，但随着人的专注力越发强大，这种强迫最终会变得越来越可有可无，当人已经完全不用强迫自己做某事之后，人也就具备了完全的抗干扰能力。

第五步：控制节奏。一个传统的谬误是，只有长时间的精力集中才算具有强大专注力，但是科学研究发现，人不可能长时间地集中精力，这是由人的大脑结构决定的。因此，培养专注力的时候，读者也要注意控制节奏，以免造成生理上的损伤。

专注于一件事的能力可以通过后天的训练加以培养，而只要训练的方法正确，再普通的人，也能够成为一个专注力强大的人。

沃顿商学院思维课笔记：

专注于一件事物，是保证思考沿着正确的轨道进行的重要前提，如果不能保持专注，头脑总是会陷入到纷乱当中，又怎么能把一个问题想清楚呢？

把小问题钻研到极致，你也会成为精英

沃顿商学院的商业精英们，在商界广受推崇，这一方面是因为沃顿商学院和它的毕业生在长期的商业活动中积累下的口碑，另一方面也是因为沃顿商学院的学员们确实在某些领域有突出的成就。

但有趣的是，当一个沃顿学生在某一领域有了突出的成就之后，很多人会错误地认为，他们是如此优秀，以至于这个商业世界里就没有他们解决不了的问题，但事实并非如此。

巴菲特是沃顿商学院精英的代表，对投资有如此精深研究的巴菲特，却总是对公众坦言，自己在其他领域和普通人没有任何区别，即便自己“股神”的名声再大，到了医生面前，他也只是一个普通的患者而已。

其实，很多成功人士都有这样的苦恼。由于社会人所共有的刻板和关联性思维，人们通常错误地相信在某一方面优秀的人必然在其他方面也会很优秀。比如，人们一般情况下都会认为那些事业有成的人具备更高的智商和更好的人品，对世事的理解更加超越常人。

与此同时，人们一旦在一个某一方面很优秀的人身上发现了他的另一些优点，就会将他的这种优点夸张和扩大很多倍。我们同样也会很容易理解，当人们准备选择某项服务，或是将某些任务或好处交派给某个人时，他们潜意识中的“选择优先级”会更加倾向于那些有某个非常鲜明的标签、在一个特别的领域非常擅长的人。

那么，这意味着什么？这意味着，只要我们在某一特殊领域做到极致，哪怕是再小的领域，能够成为那个领域的权威人士的话，就能够获得其他人极大的信赖。

事实上，沃顿商学院在培养学生的时候，就是着重在往某一个领域的精英方向上塑造。而在沃顿人的脑海中，成为一个特殊领域的精英，这种近似于“差别竞争”的方法，已经成为他们一个重要的思维方式了。

在与阿迪达斯缠斗的几十年里，面对这个德国品牌，耐克从来没有感觉到恐惧，但是，当美国本土新兴品牌 Under Armour 崛起之后，耐克突然有了一种后院起火的感觉。

20 世纪 90 年代初，出身于沃顿商学院的普朗克正饱受大量排汗的困扰，没到比赛就大汗淋漓，这让普朗克十分不舒服。于是，他决心寻找一款能解决排汗问题的衣服。经过几年的寻找和试验，普朗克终于找到了一款合身且排汗的 T 恤衫，他借此成立了 Under Armour 公司，到今天 Under Armour 公司的年销售额已经达到数十亿美元，并已经将产品拓展到了包括运动短裤、篮球鞋、运动胸罩等其他领域。

Under Armour 的成功在于，它们打造了一个代表着“科技运动”个性的品牌，并且一直延续这个品牌的个性进行深耕。尤其在互联网时代，Under Armour 运用创新技术，在科技上大做文章，将品牌的个性不断深入强化。

2015 年初，Under Armour 斥巨资收购了美国 MyFitnessPal 和丹麦 Endomondo 这两款手机应用程序，MyFitnessPal 被称为 Android 系统下最好的

卡路里计数器，Endomondo 则是一款非常容易上手的运动教练软件。Under Armour 的意图很明显，就是想借此拓展品牌的科技个性，而 Under Armour 此举的效果也很好，凭借这两款软件，它与全球 1.2 亿健身人士建立了数字联系。

Under Armour 的行为让耐克感到了恐慌，因为“科技运动”一直是耐克的品牌个性，它一直认为自己是将这个文化演绎得最好的品牌，所以耐克立即做出应对策略。

2015 年 6 月，耐克迅速与 Garmin、TomTom、Wahoo Fitness 以及 Netpulse 等品牌结成了合作关系。Garmin 和 TomTom 致力于开发具有 GPS 定位功能的手表 ;Wahoo Fitness 是一个可以即时检测心脏跳动以及其他个人健康数据的追踪器 ;Netpulse 则致力于为用户提供健身房互联解决方案，与此同时，耐克还在迭代自己的科技产品 Nike+ Running App。耐克这些行为的意图也很明显，就是要在“科技运动”的个性上保持领先。

体育服装配饰产业一直是阿迪达斯和耐克的寡头市场，但 Under Armour 却能够横空出世，在两强中间杀出一条血路来，靠的就是在科技运动这个领域做到极致。

企业可以依靠在某个领域做到极致而获取市场份额，个人如果在某个领域做到极致，能够获得的东西就更多了。

比如读者如果成为犹他州最优秀的心理咨询师，那么最有可能的结果是除了你的来访者数量剧增、你的身价陡增之外，你还可能获得当地心理学会的理事、会长等职务资格。

这个时候，很多学校、社会机构就有可能邀请你做演讲，一些咨询师沙龙会邀请你去做分享和督导，你的名声会在这些社会活动中越来越大，你就能逐渐掌控你所在区域的心理咨询师领域的话语权，以上这些又会不断地推动你作为咨询师的能力和名声上扬，由此形成一个正循环。

在这个过程中，你不需要耗费丝毫力气，就会有很多人主动上门来希望能和你成为朋友，你的异性仰慕者也许能帮助你解决掉单身问题，电视和网络频道可能还会邀请你去做嘉宾、主持节目……

我们处于一个赢家通吃的社会，拥有较大影响力的人往往能够占有更多的资源，需要承认这的确意味着人们的自身思维具有种种局限性，也的确意味着社会中存在着各种各样的不公。但如果顺着这条逻辑继续向前，对这种问题加以利用，读者是可以用最少的精力实现最大的收益的。

只需要专注在一件事情上，哪怕再小，只要持续地钻研，持续地为此付出精力和时间，持续地让你在这件事情上的水平和能力不断超越其他人，那么等你越过了那个所有人都共有的瓶颈之后，你就能由此获得十分丰厚的回报。

为了实现这一点，读者要有一个清晰的目标，要知道自己学习、研究和思考的目的是不断地提升自己的水平，力图在所在领域里成为顶尖精英人士，这正是沃顿商学院精英们不同于普通人的地方。

沃顿商学院思维课笔记：

成功是一个从量变到质变的过程，在这个过程中，保持高度的专注尤为关键。专注力作为一种成功的特质，并非来自于遗传和天赋，而是在后天的学习和训练中养成的。

沃顿商学院
思考实践课

第九堂课

更好地对问题进行选择和排序

商业活动过程中遇到的问题常常是复杂的，对问题的分析方法和角度也是千头万绪的。在沃顿商学院的课堂上，你会听到教授们这样讲述：问题的解决通常被分成两个层面，这就是纵向的排序和横向的选择，所以解决问题的方式也只能从这两个层面进行。

我们先从纵向层面开始谈，也就是问题的排序。

当我们面临许多同时出现的有待解决的问题时，不少人会刹那间感到思路不清晰，这时，你首先要做到冷静。不妨把要解决的问题通通列出来，然后按照你的实际情况来确定问题的重要性。重要性确定后，再按照问题的重要程度进行排列，最重要的排在最前面，其余依次向后类推，直至排出最后一个问题。确定问题被不重不漏地排列出来以后，再按照问题的重要性给问题打分，如果有同等重要的可以打上相同的分数。还要根据问题的紧迫性给问题打分，如果有同等紧迫的也可以得相同的分数。

当所有问题的分数打完之后，先分析紧迫性得分最多的问题，是不是真的必须是首先解决的，如果这一问题错过了有限的解决时间便有可能会引起更大的问题，那么可以确定的是，这个问题必须首先解决，不管这个问题的重要性得分高低。如果紧迫性得分最多的问题不一定是必须首先解决的，那么将各个问题的重要性得分和紧迫性得分相加，得分最多的就是你第一个要解决的问题，得分最少的是你最后一个需要解决的问题。

不过，由于事物都是发展变化的，问题也是发展变化的。当你解决了第一个问题以后，这时后面的问题也会产生一些变化，并且可能会有新的问题产生，所以当你解决完第一个问题以后，最好考虑到当时是否有新的情况，对之前排列的问题重新按重要性和紧迫性再排一次，再找出这时候的那个“首先要解决的问题”。如果仅仅是刻板地按照第一次排列的解决问题的次序来解决面临的问题，会导致因为对事物的发展变化考虑不足，而把真正急需解决的问题拖延到后面完成的错误，这样就不能达到最佳的处理问题的效果。

再说横向层面，也就是问题的选择。

那么解决问题的科学思维方式是什么？怎样才能像大网捕鱼一样，把能想到的方法都捞到呢？沃顿商学院的教授们同样给出了自己的创见。

第一步，先考虑是不是自己能够解决。这时你应当围绕自身情况，尽可能多地想各种办法，在想这些办法时先不要考虑方法是否可行，只考虑这些办法能不能解决问题。每想到一条就立刻记录一条，想得越多越好。当自己感到确实没有办法可想了之后，再回过头来对自己前面列举出来的办法进行整理，首先删除不可行的，再删掉花费代价太高的。当这两类办法都减掉以后，如果还有其他办法，那么就对其他办法进行分析，分析时最好按时效和代价两方面对前面列举的方法进行打分，再综合时效得分和代价得分，从中找出得分最高的办法，并按得分最高的办法去解决问题。

第二步，自己实在想不出其他解决办法时，你就要充分考虑与自己关系密切的人，看他们之中是不是有适合帮助自己解决这一问题的人。如果幸运地，你的答案是“有”，那么就让他们帮忙解决。但你最好也像第一步一样，与你选择的人一起列举各种解决方法，找到最佳解决方法后，由你选择的人去完成。

第三步，如果与你关系密切的人也无法帮助你解决这一问题，这时候你要把范围继续进行扩大，看与自己关系密切的人中有没有朋友能帮助自己解决这一问题。如果有，那么就让他们帮着解决。但你最好也像第一步一样，与你关系密切的人和他的朋友一起考虑各种解决方法。找到最佳解决方法后，由你通过关系亲密者委托的朋友去完成。

第四步，如果做完第三步你依然没有找到有效的解决办法，那么你要把范围再进行扩大，找与自己或朋友毫无联系的社会团体、组织机构、新闻媒体等各种与问题相关的组织和机构帮助解决。到此为止，问题应当能够解决，如果还不能解决，唯一的办法或许只能放弃。

沃顿商学院思维课笔记：

为了尽早把问题理清头绪，可以从横向的选择和纵向的排序来对问题进行及时的收纳和归置，有了这两个工具，处理起问题来将如虎添翼。

说服力较弱时，加入假设作为支撑

古罗马有一句名谚：“世上没有如果。”这句警句劝告着一代又一代人要接受现实，要坦承不足。当然，话虽如此，我们恐怕还是忍不住无数次地对自己说：如果……

好消息是，沃顿商学院的导师们提出：“如果”并不尽然是坏事。当一个人的观点说服力较弱时，他完全可以加入假设作为支撑。

为什么要在讲话的时候使用假设？沃顿商学院导师们给出了三个原因：

第一，假设可以帮助我们丰富话语。当我们说了一段话，或者说完一句话之后卡壳了，该怎么办呢？比如现在，你刚刚说完“我的口才不好”这句话，你接着可以说什么？

首先，你可以自问：“为什么我的口才不好呢？”其次，你可以举例，说：“例如，昨天在公司里开会，老板中途突然让我发言，我刚说了一句，脑子就蒙了。”或者还可以提出假设，说：“如果我上中学时就重视口才的锻炼，今天就不会失去那么多的机会了。”

总而言之，当你说了一个已经存在的事实之后，为了增强感染力，你还可以用假设来讲一些虚拟的事实和想象的状况。因此，当你的话语出现了断档，就可以说：如果怎么样，就怎么样。或者说：万一怎么样，就怎么样。或者说：只有怎么样，才能怎么样。或者说：让我们来想象一下……以上这些句型都属于假设。

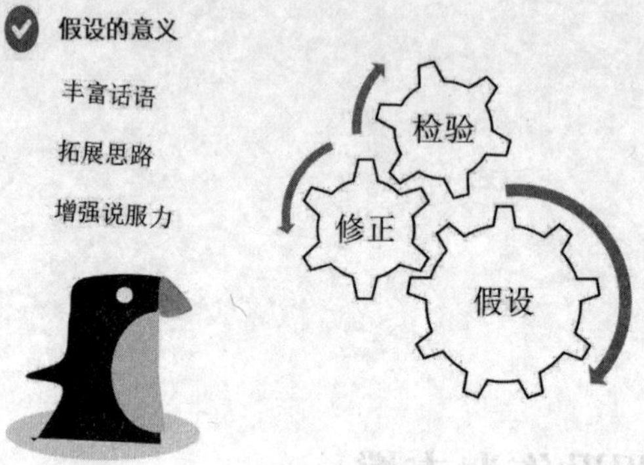

9.1 假设的意义

第二，假设可以帮助我们拓展思路。拓展思路首先有利于增加话语的多样性，但是，强调想象力似乎是更该被重视的素质。人的思想的创造力来自于想象力，如果一个人不具备或者缺乏想象力，他将是无趣的、无能的、失败的。

英国哲学家波普尔在一本名为《历史主义的贫困》的书中，把历史主义严格地限定为历史决定论，他反对这种“历史主义”。波普尔认为，历史是没有规律可循的，因而也是无法预言的，历史的解释不该归属于科学的范畴，因为它是不可检验的，历史主义的错误就在于它把历史的解释误认为是科学。

在我们日常生活中，“贫困”一词主要是说一个人在金钱上的匮乏，可是波普尔用它来批评一种思想。说到底，波普尔称“历史主义的贫困”，就是说它缺乏想象力，只是机械地去解释历史，认为历史是一个一切都有定数的过程。

还有一本书，是美国社会学家米尔斯写的《社会学的想象力》。看到这个书名，我们都不免感到非常奇怪，社会学也有想象力？在这本书里，米尔斯对传统的美国社会学展开了严厉的批判，批判传统社会学科过于宏大、抽象、僵化、实用主义等倾向，由此强调“社会学想象力”的重大意义。

以上两个例证可以说明：当思想失去了想象力，就没有活力，生命力也就荡然无存。因此，我们讲话也必须插上想象力的翅膀，由此才能让你的话语鲜活而生动。

只要我们在言谈间善于使用假设，就可以激活与提升自己的想象力。我们平时的思考与讲话，往往不经意间陷入死胡同，表现为一根筋，语言听上去思路狭窄、死气沉沉、呆板凝重，就是因为不懂得展开假设与想象。

在沃顿商学院的课堂上，同学们纷纷尝试做出假设，他们发现自己可以跳出狭隘的格局，一下子就让自己的思路活跃起来，并在话语中展现与往日的自己不一样的精彩。他们经常在课堂上探讨一些看似不着边际的问题：假如明天就是世界末日，我该怎么度过最后一天呢？假如我买彩票中了一百万美元，我怎么花呢？假如时光倒流，我会如何规划自己的人生？假如我是我的儿子，我会怎么办？

以上这些题目，都是不切实际的想象。但是，当你这么去思考的时候，你就可以借此表达深藏在心中的一些无奈、一些追求、一些观念，当然，也可以展现你的见识与格局。

英国动物病理学家贝克特认为："科学家必须具备想象力，这样才能想象出肉眼观察不到的事物如何发生、如何作用，并构思出假说。"爱因斯坦高度评价想象力："想象力比知识更重要，因为知识是有限的，而想象力概括世界上的一切，推动着进步，并且是知识进化的源泉。"

在一般人看来，自由奔放的想象与严谨周密的逻辑思维应当是天然对立的矛盾关系，其实这是一种认识上的误区。逻辑思维是指遵循客观规律和主观思考的思维方式。既然想象也是一种思维活动，那它必然也有其内在的思维规律性，不管这种规律性是受自外在客观的制约，还是来自内在主观的发散，它们的本质都是同一种道理，即逻辑。

即使是素以逻辑严谨著称的科学家们也知道，高级想象并非漫无边际的胡思乱想，而是需要满足逻辑自洽性的合理假设。那些以想象力超凡著称的科幻小说里，艺术创作也不是单纯地天马行空去想象，尽管作者可以凭空假想一个不存在的世界，但是在这个世界中，也必须有其内在的逻辑。小说里的任何一个情节都要经得起自圆其说的考验，否则就只能是一部破绽百出的三流作品。

第三，假设可以增强你的说服力。

为什么要使用假设？因为可以增强说服力。一个人能被另一个人说服，一是基于喜欢，一是基于恐惧。而且两者比较而言：追求喜欢的东西，是人的动力；逃避痛苦是更强大的驱动力。

当我们要使用假设去说服别人的时候，无外乎就是要展现诱惑或者威胁。例如许多企业的文化墙上贴着“今天不努力工作，明天就努力找工作”，这就是用假设在给员工心理上示威。

一个男青年喜欢上了一个女孩，他会怎么说？一种可能的说法是：“如果你嫁给我，我将让你成为世界上最幸福的女人。”这是展现诱惑。他也可能这样说：“如果你不嫁给我，我一定要毁了你，谁也别想得到你。”这是恐怖的威胁。

商业人士对客户也总是这样说：“如果你们跟我们合作，可以得到最好的产品，最合适的价格，最贴心的服务。”“如果你们跟别的公司合作，可能价格上便宜点，但是，产品质量、服务质量让你们头疼，甚至人员沟通都非常困难。”

总而言之，一个真实的假设往往可以让情形呈现在眼前，让真理浮出水面。如果一个人无论做什么事，都可以让其思维以这些假设作为前提和基础，那么他便能时时刻刻对状况有所准备而不会陷入困境，他的人生也就会有更大的进步和提升。也许，读者朋友们每天都在自如地使用假设的方式教育与说服身边的人。只不过，从今天开始，你的假设将变得更加自觉，对它的运用更加完美。

沃顿商学院思维课笔记：

交流是一门艺术，你的语言能否让交流更顺畅，很大程度上取决于你的说服力。如果枯燥的理论和依据不能引起听者的兴趣，那么请加入假设作为支撑，这将帮助你打通双方交流上的障碍。

用逻辑把观点系统化

一名商业人士如何在瞬息万变的商业竞争中得出正确的答案，如何快速学习和解决问题，又该如何达到全局最优解？这也是沃顿商学院不少学员的疑惑。

有些学员认为依靠足够的知识和高效的思维模型就能够得到解决，如查理·芒格；有些学员认为这是一种天才的能力，比如过目不忘的冯·诺伊曼；有些学员认为是依靠超过常人的内在驱动力，甚至可以依靠强烈的热情和魅力影响现实，用直觉判断未来，比如“苹果之父”乔布斯。据说乔布斯在说服他人时，擅长利用骇人的眼神、专注的神情、口若悬河的表述、过人的意志力。也正由于他的激情，因此他对事物评价极端，非黑即白。

人因为大脑存储信息的能力有限，加上人们思考懒惰的结果，容易将问题简化；把复杂世界的各种现象，归结为简单的一条或几条原因。比如成功学家说你不成功是因为你成功的愿望不够迫切，减肥屡屡失败是因为控制不住嘴巴……

真实的世界变幻多姿，不同的原因和结果之间关系千丝万缕，人生策略不可能依照少数的几个因素一路走到黑。

人的思考方式从根本上来讲是单线条逻辑，最多建立几条线路，当我们想要超越这种单线条，我们需要将复杂问题的所有起点和所有终点分解开来、排列开来，在它们中间建立联系——可以是因果联系，也可以是量化计算，还可以是先后流程……做一个形象的比喻：一维思维是嵌合链条，二维思维是玩拼图。

最难以处理的恐怕就是多维思维和系统化逻辑。让我们开始审视真实世界的复杂问题：如何写一篇吸引人的长篇小说？如何做一个真正的商业计划？如何制定一项货币政策？如何开发一个互联网产品？如何管理一家大公司？

乍看上去，这些宏大的问题简直让我们无从下手。

让我们以长篇小说为例。它足够贴近常人的知识范畴——讲故事可能需要什么能力，常人也有足够的评价标准——什么才是吸引我的故事。

这个问题需要从两个起点进行思考：一篇吸引人的长篇小说有哪些特点？我可以写什么样的作品？我们之所以要思考第二个问题，是因为现实世界永远会涉及个人的局限性——我有什么样的热情及信念，拥有哪些资源和技能，我有限的时间如何规划……

虽然我们依然无法解决问题，但至少我们有了头绪。什么叫作令人印象深刻的人物与对白？什么叫作忍不住一直往下看的情节？怎么引起情感共鸣？现实中的复杂问题，无法做到既不重复也不遗漏；也难以做到每个子系统内部的因素，相互间关联要尽量紧密，而分属于不同子系统的因素应该关联越少越好，子系统之间应尽量相互独立。复杂问题像一枚完全透明的棱镜，从不同的面展开思考，将会得出不同的结论。

如果将子问题比喻为棱镜不同的面，这些面之间，又紧密关联，难以一刀切。我们只有从光线折射的规律中，得出棱镜的形态。与其在表层盲人摸象，不如深入各方面之间的逻辑关系。

将吸引人的情节作为一个思考面，它一定包含令人印象深刻的人物和对白，这些对白往往也更容易引起情感共鸣。子问题之间的因果联系错综复杂。而且，我们知道，这些问题全都在描述表面现象，而不是更本质的内在逻辑。

我们得继续分解子问题：如何实现小说令人印象深刻的人物与对白。印象深刻源于两点：重复和反差。以下案例具有强烈的反差色彩：一位喜爱打猎的素食主义者，一个得了侏儒症的篮球运动员，一个喜欢做手艺活的欧洲中世纪贵妇。重复尤其体现在重复表现人物的口头禅、眼神与行为——吸着烟斗的福尔摩斯、愁眉苦脸的哈姆雷特。

接下来，我们开始思考如何认知人物、如何认知故事情节、如何随着情节进展而激起情绪和好奇心。不同的外在表现推导出几个更深入的问题——认知与情绪。

这时候，我们稍微清理了一下小说要达成的各个概念，将概念与更深入的问题联系起来。这是一个三维的矩阵，在不同的小说概念里，用到不同的手法，达成不同的感受。

至此我们进行了第二次的分解和解码，将“一篇吸引人的长篇小说有哪些特点”这个问题解码为一个三维问题。我们发现还可以继续分解得更具体，比如人物的行为模式就可以分解为对白、生活习惯、着装特点等等。

不止如此，第二个大问题还没有解决——我可以写什么样的作品？我们不得不继续分解问题，在不断分解和解码中，会得出各个抽象层次的多维矩阵——就如同一个金字塔般的问题与概念之网。

我们在分解的过程中要依靠自己建立很多中间概念，为子系统命名。这就像不同抽象层次的多维度矩阵一样，从最高层开始向下依次解决，上层的结论可能就是下层的条件，这需要花费很多时间来思考。

当我们终于写下最下层的答案时，才会启用直线式思维，所有的设想这时候才开始执行。即使到这一步，我们依旧无法获得复杂问题的最优解。悖论在于，分析问题的同时，我们就在解决问题。当我们跳出问题的界限，以一个更大的视角看待问题，我们依旧需要再次分析新的视角。人类的时间有限、知识与信息有限，所以无法做到整体优化的同时局部细化地全面分析。人类无时无刻不在犯错，只是看谁犯的错误更少。

学会用逻辑把观点系统化，只是一个简单的开始，它仅仅为人提供了解决复杂问题的外在工具，利用互联网和这个工具也许可以接近冯·诺依曼的过目不忘、无穷所尽的记忆力、查理·芒格的思维模型以及乔布斯的直觉与激情。

沃顿商学院思维课笔记：

你的思维是否有价值，取决于它是否具备一定的系统性，运用逻辑把观点系统化，这将使你在解决问题时拥有可靠的思维武器。

让团队有效率地工作

对于企业而言，虽说每个员工的能力因为不同的发展环境而存在一定的差异，但只要企业能够根据每个人的特点进行合理的分工搭配，就一定能发挥出团队最大的价值。这不仅仅是公司人力资源部的任务，而且是对任何一名企业的管理层人员都十分重要的一件大事。企业的管理者们在平日的工作中可能过多关注在资金、物品的合理配置上，却常常忽略了对员工的分配，这恰恰是致命的错误，尤其是涉及团队的工作效率。

惠普公司是高效管理团队的一个很好的典范。尽管该公司长期以来一直被民众认为是美国最好的公司之一，但它的分销组织却不尽如人意。平均来说，惠普公司需要花 27 天才能将产品送到顾客手中，而且所有雇员必须在 70 台电脑系统间往返穿梭以获取信息。于是惠普公司高层决定重建分销过程，减少运送时间。

公司派出两名得力的经理负责这个项目。他们从本公司和友公司召集了一个由35人组建的团队，并开始检查工作流程。首先，他们检查了当前工作完成的方式，并开始注意削减工作步骤和缩短整个工作流程的设计。接着，团队完成一个为期两周的培训，以使团队成员熟悉精减后的流程。接下来，团队重新设计了新的工作流程，并确保这个跨职能团队的每个人都能够接受。最终，这个新的流程得以实施，新流程设计时，他们顺便改正了系统中存在的错误。在这个过程中，团队的成员被高层允许向员工直接授权，在大家的共同努力下，运送时间降到了8天。这使惠普公司的存货量降低了超过五分之一，同时对客户的服务水平也有所提高。

沃顿商学院的课堂小组讨论中，涉及有关团队合理分工的议题。根据企业目标和业务不同，各持不一致的观点也在所难免，除了大方向的商品运营、用户运营、产品运营、活动运营、渠道推广等等，还有很多细节上的执行需要合理分配给员工们，可以根据需求酌情调整。这一问题的关键在于，作为团队负责人要多跟团队成员私下沟通对工作的细节满意度，及时做出相应调整。以团队负责人个人魅力凝聚团队的战斗力，鼓舞士气。

关于团队工作的有效开展，沃顿商学院的学员们讨论出一些有助于提高团队效率的方案：

第一，“二八法则”。

这条原则是其余原则的基础，可以适用的范围也远远不止于团队的运营工作，很多领域都可以应用到。团队的负责人可能需要对月度、季度的工作规划优先级，执行层面上的诸多琐屑事务，诸如活动执行、一些方案的推进、日常数据的提取、对外合作的反馈等烦杂事务一定要根据“二八原则”，对它们的重要性、紧迫性等优先级有个大致的判断，如此一来，团队的效率可以大大提高。如果工作仅仅是表面看上去那样忙，又没什么实质的进展，一定是事先的判断没有做到位，仅仅是所谓的拖沓而已。

第二，责任感。

商业大亨们普遍对团队责任感的定义是：即使一个人不从事某一岗位，在碰到事情时也要第一时间提醒相关岗位的同事，如果属于快速发展而职责没有定义很清楚的小企业，要及时跟团队负责人沟通，自己也要继续跟进，尤其是对待外部的事情，如外部公司的合作、客户的问题反馈等等，不可因为这个事件不属于自己负责就置之不理。

第三，同步工作。

熟悉企业运营管理的人都懂得，运营工作很多都是跨部门同步的工作：和产品关于新版本、新功能的同步，下个版本运营规划的同步，活动与产品、测试、视觉方面的同步，客服的同步，签署各项协议与法务的同步，很多公司还涉及安全部门、反欺诈部门，幅度较大的运营动作还要涉及更多的部门。一定要提前邮件通知到相关单位，并尽量在企业内部群内再做提醒。个人要求是面谈沟通，然后邮件正式确认列明事项、各部门注意点和配合内容，最后用群内消息、邮件适时地提醒跟踪进展。

第四，数据汇总。

在企业的团队当中，涉及数据方面的一定要留心，对于每天的数据关注其变化及时预警。对于一些其他数据，建议日常就不断汇总，以免到季度核算时难以找到当初的数据，或者要重新忙碌好多天还未必统计得准确。例如，核算季度成本的时候，往往由于时间久远，忘了本季度的支出项，还要麻烦技术部门反复提取数据等，这势必影响到下属的工作和生活。因此，不如一开始就统一要求对于后面有可能要用到的数据做到提前留存、及时更新，这样需要用到时，才能不费吹灰之力就能给出准确的数据。也可以每周整理下数据，关键点还是在于有没有存留数据的底稿，直接使用会更加方便。

第五，及时跟进。

对工作内容保持热情、保持专注，这点永远不会有错。同步出去的事项要及时跟进，直到最终执行完毕。要知道其他部门也很忙，因此能准确简洁地写出需要其他部门如何配合就更受大家欢迎，切勿啰唆太多。

第六，尽可能地实现自动化。

作为现代企业，没有普及自动化简直是无法想象的事。请一定及时判断哪些事项属于长期且具有一定重要性的内容，能够起到推动产品、技术完成其自动化操作的作用的。这不是偷懒，而是要将更多的精力投入到需要人的思考和尝试方面。很多工作都是烦琐的，它们没有太高的实际业务价值却又必须要有人来执行，所以对这部分任务一定要有一个意识：将低级的活外包给机器、外部第三方等，而集中将精力投入到更具有意义的工作内容上。

第七，共同目标。

一个高效率的工作团队，不仅对他们的团队目标了然于胸，而且坚信他们的目标会有一个很有价值、很重要的结果。此外，目标的重要性还在于它能够鼓励团队里每一个成员把工作的中心从个人目标转移到团队的目标当中去。在高效率的工作团队里，每个成员都忠于整个团队的目标。

高效率的团队是由许多精明能干的人才组成的。他们拥有与实现预定目标相关的技术方面的知识和能力，以及与他人融洽合作的优秀的个人品质。这些成员同样拥有重新调整自我以适应新环境的能力——也就是所谓的“变色龙”——来适应团队工作的需求。但是，切不可把个人能力看得过分重要。不是每一个在技术方面很优秀的人都有能与团队成员默契合作的能力。高效率的团队成员要具备专业的技能和与人交际两方面的能力，缺一不可。

第八，信任。

高效率的工作团队成员间保持着相当高的彼此信任度。也就是说成员之间对每个人的品格和能力都非常信任，彼此依赖。但是，正如你可能从你自己多年的人际交往关系中所了解到的，信任是很容易破碎的。一个高效率团队的各位成员对他的团队会表现出强烈的忠诚和奉献精神。他们为了帮助自己的团队取得成功，会愿意适当地牺牲自我。我们把这种忠诚和奉献精神叫作“统一的责任感”。

沃顿商学院思维课笔记：

好的团队不仅源自优秀的个体，个体之间的默契配合才更加事半功倍，让团队有效率地工作，是合格的领导者应当思考的问题。

在决策时纳入外部观点

心理学家克波斯曾进行过一项耐人寻味的实验。克波斯和他的助手们向大学生们提出了一个问题：在接下来的一周中，你们每一天完成手头课题的概率有多大。统计后的平均结果是，同学们下周一能完成这项课题的概率为 40%，周三完成课题的概率为 70%，周五完成的概率为 90%。

然而，新的一星期正在一天天地度过。周一到来，学生们曾经估计有 40% 概率完成课题，而实际上只有全部人数的 12% 交上了他们的小论文。周三曾被估计有 70% 的学生可以完成，却只有 24% 的人提交。调查时所有的学生几乎都很肯定课题肯定会在最后期限到来前完成，但最终只有 48% 的人实现了他们的诺言。克波斯和他的同事们发现："即使要求大学生们做一个他们认为几乎肯定可以实现的预测，他们对自己的信心也远远超过了他们的实际情况。"

即使是在商业活动的项目当中，不论其涉及工程的进行、新产品的推广还是在某个期限内完成任务，如果你进行过与上述事例类似的预估，你就会感到十分亲切和熟悉。

人们普遍认为估计完成一份工作所需的时间和将要花费的成本是十分困难的，人们几乎不可避免犯的错误通常在于低估时间和费用。心理学把这样的情形称为规划谬误。在这样的时刻，内部观点占了上风，因为大多数人会想象他们将准时又高质量地完成这个任务。大体说来，只有不到四分之一的人会结合源于自身或他人经验的概率数据进行缜密思考，并制定出相对准确的规划时间表。

尽管人们在猜测自己会什么时候完成计划方面表现得很差，然而他们却非常善于猜测别人。康奈尔大学的心理学教授瑞贝卡对这一问题进行了反思：人们为什么不更多地依靠外部观点？“考虑到这个简单技巧所具有的感染力，我们应该期待人们竭力使用它。但是他们不这样做。”原因是，人们普遍自认为与众不同，比他人更优秀。

沃顿商学院的教授洛维奇推出了一套旨在帮助学员们使用“外部观点”进行决策的方法。具体内容如下：

第一，选择一个参考类。首先你要找到一个参考类，它的适用范围要广泛到足以具备统计学意义；但也应当具有限定性，以便准确地分析你眼下所面临的决策。这项任务既是一门理性的科学，又是一门智慧的艺术，而且，对于此前很少有人涉足的问题来说当然更加棘手。但对于一些常规性的决策而言——即使你认为并不常见——确定一个参考类并不是一件难事，唯一需要强调的是注意细节。以合并和收购为例，众所周知，收购公司的股东们在大多数合并和收购中都会赔钱。然而，仔细观察一下相关数据你就会发现，与股票融资的大额溢价交易相比，市场对现金交易和小规模溢价交易的反应更积极。因此，通过了解什么交易趋于成功的概率更大，公司可以增加从某次收购中赚钱的机会。

第二，评估结果的分布。一旦你确定了一个参考类，就要仔细分析一下此次行动成功和失败的概率。研究一下分布情况，并认真观察平均结果、最常见的结果以及极端的成功或失败的例证。

从统计学上来说，随着时间的推移，成功与失败的比率必须相当稳定，以确保某个参考类的有效性。如果系统的属性发生变化，那么，依靠此前得到的数据做出的推论就有可能是误导。这在理财当中是一个重要的问题：多数时候，理财顾问会根据历史统计数据向他们的客户提出资产配置方面的建议。而因为市场统计的结果会随着时间的推移而发生转变，所以，投资者将面临以错误的资产组合而告终的风险。

在个别系统中，微小的扰动可能引起大规模转变，我们对于这些系统也要多加留意。由于这些系统甚至连因果关系也难以确定，因此，借鉴过去的经验会更加困难。如影视产业和图书产业，就是很好的例子。众所周知，对于制片厂和出版商而言，预知结果是相当困难的，因为影片和书籍的成功和失败在很大程度上取决于社会影响，这是一种几乎不可预知的现象。

第三，做一个预测。有了从参考类当中得出的数据在手，再加上对结果分布的了解和思考，你就能够做一个预测了。这个想法是为了估计你成功和失败的概率。基于前文当中讨论过的所有原因，你的预测很可能会过于乐观。

有时候，当你找到正确的参考类时，你却发现成功率并不是很高的事实。因此，要想提高自己成功的机会，你就必须做一些与众不同的行动。陈旧的决策过程意味着获得的收益越少，且取得最终成功的概率更低。

大多数决策者都坚持传统智慧，因为那是存在于他们脑海中根深蒂固的东西，除此之外，对于打破过去实践所带来的经验而有可能造成的负面后果，他们也持反对态度。但是对于愿意打破心理“舒适区”的决策者而言，外部观点可能会带来更多的胜利。

第四，对你预测的可靠性进行评估并做出调整。一个人是否称得上善于决策，这在很大程度上取决于这个人试图预测的事情。例如，天气预报员能够比较准确地预测出明天的温度。而另一个行业中，图书出版商却不善于挑选将会大卖的新书，除了那些来自少数畅销书作者的图书。成功预判的纪录越差，你就越应该调整自己的预测，使其趋向于平均值。当你预测的准确度稳定在一个数值上，你就可以对自己的预测更有信心。

从内外观点当中得出的主要教训是，虽然决策者倾向于考虑事情的独特性，但是，最好的决策通常来自于同一性。这么说并不是为了提倡平淡乏味、缺乏想象力、一味模仿或毫无风险的决策。同一性是说，很多有用的信息都是以某些情境为基础的，而这些情境和我们每天所面对的情境相差无几。若是忽略这些惯常的信息，我们自身便有可能受到伤害。而对日常这些丰富的信息多加留意，则有助于我们做出更有效的决策。

沃顿商学院思维课笔记：

人在做商业决策时总带着巨大主观性，在决策时合理纳入外部观点，将有利于保持思考的客观性和正确性，做出的决策也将更加行之有效。

把创新性思维运用到商业中

当读者还在嘲笑那些将平安夜和苹果联系在一起的人愚蠢时，那些贩卖“平安果”的小贩已经在社交网站上把苹果卖给了千万个用户，人在消费时的非理性行为在这个商业故事中表露无遗。

麻省理工大学的丹·艾瑞里教授在其著作中专门讨论过消费者的非理性行为，这种非理性贯穿于整个商业当中，在当今的互联网时代表现得尤为明显。它的一个突出特点就是不考虑商品的性价比，而只考虑商业在某一个层次上的极端体验，比如“平安果”在平安夜带给人们的寓意。

这种现象为商业思考提出了一个新的方向——创新性思维是怎样作用在商业世界里的。为此，沃顿商学院专门开设了一门选修课程，对创新性思维的商业应用加以剖析。

Facebook、谷歌、推特、印象笔记、PayPal……一大批成功的互联网创业公司给我们带来了大量可供分析的案例。在这些案例当中，沃顿商学院的学者们似乎已经摸清楚了一个脉络。那就是，在新时代的商业世界中，创新性思维的体现无处不在，其中最大的体现便是企业竞争力的创造性再造。

PayPal支付的成功被认为是互联网时代最重要的商业成果之一，它以将互联网引入到传统支付领域的模式，升级了支付服务，带给用户快捷且安全的国际间支付体验，大大缩短了商业的时空距离。

不过，作为互联网时代最重要的商业创新之一，PayPal支付一度被认为是很差的商业模式，人们认为对于互联网贸易来说，它的普适性太差了，尤其是为了保证绝对安全，PayPal在应对网购时的灵活性比很多同类支付软件都要差很多。如果在短板理论之下，PayPal无疑会被消费者抛弃。但是，PayPal的安全体验对于互联网时代的用户来说是不可缺少的，在保证安全的基础上，用户们忽略了PayPal的其他问题，埃隆·马斯克也依靠着这一优势，成就了自己的商业神话。

传统管理学领域有一个名词叫作“木桶理论”，它讲一只水桶能装多少水取决于它最短的那块木板，如果最短的木板只有10厘米，那么即使其他的木板再长，木桶也只能装10厘米的水。

传统企业信奉全方位无死角的综合素质最强战略，这正是出于木桶理论，传统企业对于构建竞争力的每一个环节都无比重视。

但从PayPal的案例当中，沃顿商学院的研究者们看到的却是另一番场景，就是短板随处可见的PayPal，只靠着一块长板，就最终获得了成功。

有关于创新性思维，之前的章节已经讲了很多，但当看到它在实践当中被应用，并获得巨大的成功，还是会让人觉得，创新性思维的高价值是值得我们下功夫去学习和掌握的。

最近几年，传统零售业巨头沃尔玛备受网络零售商的挑战，以亚马逊为代表的网络零售商不断抢占沃尔玛的市场份额，这个曾经的世界最成功的企业目前已经风光不再了。

传统商业时代，沃尔玛作为一家世界性的连锁超市，并没有太多优于同行的地方。但是，沃尔玛可以将每一个业务环节都做到尽可能好。在价格上，沃尔玛秉承“为用户省每一分钱”的口号，尽可能保持价格上的优势；在服务上，沃尔玛秉承“让顾客宾至如归”的口号，尽可能为顾客提供好的服务；在卖场的设计上，沃尔玛尽可能做得尽善尽美；在产品种类上，沃尔玛曾号称是“全世界商品最全的市场”。

然而，进入互联网时代，沃尔玛的生意却开始遭遇到电子商务的冲击。在中国，以淘宝网为首的一些网站迅速攫取市场，随着淘宝超市的上线，沃尔玛中国的市场份额被淘宝大量掠夺。淘宝并没有沃尔玛那样的综合实力，但是，就是靠着网上下单物流配送这个环节的便利性，淘宝获得了叫板沃尔玛的资格。

在国外，以亚马逊和 eBay 为首的一批电子商务网站也是这样强大起来的。它们不追求面面俱到，但求在某个极致的用户接触点上为用户创造极致的体验。比如亚马逊的一键购物、eBay 的 Wish List 等等。

看到沃尔玛与电商网站之间的竞争，很多人可能会感慨，在互联网时代，木桶理论已经过时了，企业的竞争力很难保持住。这一切是为什么呢？

以木桶理论营造竞争优势能够成功有一个条件，就是经营的环节要少，且每个环节都能进行量化的测评，如果将每一个环节看作是一个创新点的话，那么只要将每个创新点的水平始终跟从行业整体水平就可以了。

但是，在特殊的情况下，比如在互联网时代，因为信息的泛滥，企业的创新点越来越多，进行全方位创新越来越难，因此想要用无短板的形式来营造竞争力就变得十分困难。相反，一些整体竞争力并不是那么强的企业，却可能因为某一个环节做到了极致而获得特定用户群的青睐，从而挖走一块不小的蛋糕。

这种在兵法上叫集中优势兵力的创新方式，本身就是一种创新性思维的体现。创新性思维在商业领域的应用，就是要能够根据商业环境的变化，寻找出商业的本质，并创造性地解决它，从而获得商业成功。

面对环境的改变，你的优势可能仍然很强势，但整体的竞争环境和竞争模式已经被颠覆了，那么你的竞争力也就跟着被颠覆了。以前，靠着营造全方位的竞争力，你可能曾经是商业世界的佼佼者。但今天，随着商业环境的变化，你的竞争对手可能压根不和你正面竞争。整体的市场需求已经分散开来，不同用户群的痛点各不相同，企业再想成为顾客的唯一选择基本上不可能了。

此时，企业的经营者必须做出选择，是继续走木桶竞争理论，营造全面的优势，还是专注某一个或几个环节，在这个环节上做到极致，从而获得稳定的市场份额。

传统的竞争中，你可能什么都不突出，但只要每一项都做得优秀，就能够成为行业的领先者；互联网时代，你可能在很多项目上都只是良好，但有一两个项目能够遥遥领先，这就足够成为你的荣耀了。竞争方式、竞争手段甚至于竞争擂台的转变，这便是创新性思维在当下商业环境中的体现。

沃顿商学院思维课笔记：

创新性思维对于实际问题的价值，要远远超过读者的想象。人类的一切进步，商业的一切成功，几乎全部源自于创新性思维在实践中得到应用，给现实带来颠覆性的改变。